U0312927

零食的做法
甜点和多彩小食

（日）中村美穂　著　　王靖宇　译

Finger
food

红星电子音像出版社

目录

- 1杯的量为200mL，1大勺的量为15mL，1小勺的量为5mL（水、牛奶、豆浆与普通酸奶按照1mL＝1g来换算，白砂糖、油按照1大勺为15mL＝10g来换算）。
- 使用600W的微波炉。
- 用烤箱前请先预热。
- 我们根据每道点心的食谱，将其所需的食材以易于制作的人数、数量标注出来。
- 部分菜谱的食材条目中没有记载用于装饰的食材。

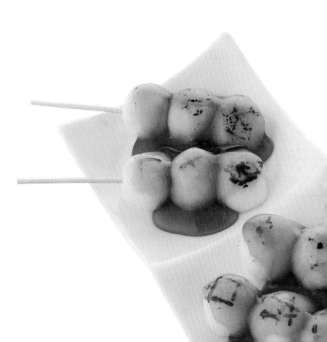

制作甜点必备的
基本工具

这里介绍本书食谱中所使用的基本烹饪工具。建议您选择好用且牢固的工具，以便长期使用。可从专门的烘焙材料店、网上、百元店购得。

厨房秤

制作点心时，精确称量很重要。推荐使用称重范围为0.1g~2kg的电子秤。

量杯

用于量取液体。1杯=200mL，水和牛奶等液体为1mL=1g。在水平位置可看到正确的刻度。

量勺

用于舀取少量的材料。1大勺=15mL、1小勺=5mL、½勺=2.5mL。有¼的小勺的话会更方便。

打蛋器

用于均匀地搅拌食物。在制作酱汁等搅拌少量的食物时可以使用小型打蛋器。

橡胶刮铲

建议使用由硅胶制作的耐热性较好的刮铲。用于刮取残留在碗里的底料，还用于搅拌食物，以避免锅底烧煳。

木质刮铲

用于搅拌炒或煮的食物，还用于搅拌土豆泥以及质地较硬的食材。

平底锅铲

用于制作烤制点心。软平铲（如图上）由薄而弯曲的材料制成，可以避免翻动时留下痕迹。

汤勺

用于盛液体。由于有时盛的液体要倒到玻璃杯中，建议使用小一号的汤勺（如图下）。

切刀

我们会使用到刀刃美观的长刃切刀、万能的牛刀以及用于精细切割的小切刀（从上到下）。

碗

建议使用耐热性较好的可以用于微波炉的聚碳酸酯制品（如图左上）。准备一大一小两个用起来比较方便。

方盘

建议使用耐热性较好的制品，在烤箱烤制时可用作模具，在冷藏、冷冻库里冷却时可用作托盘。准备一大一小两个用起来比较方便。

滤网

用于除去水分、撒粉、过滤。建议选用网眼细、有把手的一大一小两个滤网。

擀面杖

用来把制作饼干和派的面团擀开以及敲碎硬物。由于是木制品，所以使用后请仔细清洗并干燥。

刷子
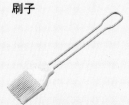
用于给食物表面上光，图为清洁的硅胶刷子。使用后请仔细清洗并干燥。

烘焙纸

用烤箱烤制面团时将其铺在盘底，此外粘在上面的巧克力和牛奶糖也可以完全剥下。

冷却架

将刚烤好的蛋糕和饼干放到上面冷却，此外还可用于去除巧克力涂层的多余部分。

刮板

用来搅拌和切分面团、收集在砧板上切过的食材、刮去粘在碗里的面团。

滤茶器

用于将细砂糖、可可粉、抹茶粉等细粉末撒到食物表面。

电动打蛋机器

用来搅拌鸡蛋和鲜奶油。用高速模式开始搅拌，边搅边移动位置，最后用低速来调整泡沫即可。

捣碎器

用来捣碎薯类，小号的用起来比较方便。最好趁薯类热时捣碎，否则变硬后很难捣碎。

保鲜袋（聚乙烯袋）

图为便于保存食物的袋子，带有封口。保鲜膜和保鲜袋除了可以防止干燥，还可以用来擀开面团。

裱花袋、裱花嘴

用于均匀地挤出奶油以及饼干、奶油泡芙的底料。袋口的裱花嘴用星形嘴以及10mm的圆形比较方便。

饼干模

除了饼干之外，还可以将琼脂冻、蔬菜等食材做出造型进行装饰。小模具中的食物可以用筷头捅出。

尺子（规尺）

图为3mm厚的金属尺。在擀饼干面坯时将其放到面团两端，用擀面杖擀出厚离均匀的面坯。

布丁杯

左边为铝制品，右边为由耐热玻璃制品。可以用作布丁、果冻、纸杯蛋糕等的模型，还可以用作一般的器皿。

玛芬模具

导热性能好的金属制品。可以铺上纸杯使用。清洗时不要用洗洁精，清洗后要充分干燥，避免生锈。

硅胶模具、硅胶杯

耐热性与柔韧性兼备。由于面团不会粘在上面，所以取出食物十分方便，并且可以反复使用，经济实惠。准备多个大小不等的比较方便。

玛德琳模具

小尺寸的金属烤制模具。导热性能好，可以烤出诱人的色泽，但需要做抹油、撒粉的准备。

在家里轻松制作甜点的
基本食材

为了做出美味可口的甜点，选择好的食材非常重要。接下来介绍本书菜谱中会用到的基本食材。超市里没有的食材可以通过专门的烘焙店、商场、网上等途径购买。

低筋粉

小麦粉中谷蛋白（蛋白质）较多的高筋粉适合用来做面包，低筋粉则适合用来制作甜点。即使掺入了未精制的全麦粉也可以。

泡打粉

泡打粉可以使蛋糕变得膨胀，也可以带给饼干松脆的口感。推荐使用无铝泡打粉。

太白粉

即土豆淀粉，不仅用水溶解后会呈稠糊状，而且与低筋粉混合后可以制造出轻柔的口感。

米粉

比上新粉更加细腻，用于代替小麦粉来制作甜点。也有的米粉可以用来做面包，其中添加了谷蛋白。

白玉粉

它是通过将糯米浸水后磨碎，再放置于冷水中沉淀，最后挤干、干燥而制成。用于制作白玉团子、年糕等。

糯米粉

用糯米做的粉，由于比白玉粉更加细腻，所以溶于水时不会产生面疙瘩，非常方便。将它与西式甜点以及面包的底料混合后可以产生糯糯的口感。

上新粉

它是通过把粳米水洗、干燥、碾碎、筛选后再次干燥而制成的。用于制作串丸子以及槲叶糕。

杏仁粉

将杏仁的皮制成干粉的食材。可以使烤制的甜点变得更温润，增加甜点的风味。可以用于不使用黄油的甜点里。

鸡蛋

本书使用中等大小的鸡蛋。加热后会凝固，打发后内含空气，显得比较松软。它是做出泛黄色光泽甜点的基础食材。

牛奶

建议选择原生态（成分未调整）牛奶。用于制作蛋糕的底料以及奶油等。待其温度回归室温即可使用。如果使其沸腾，里面的蛋白质会凝固，所以保持在温热的程度即可。

豆浆

用大豆榨的汁。建议使用原生态（成分未调整）的豆浆。制作甜点时推荐使用大豆异味较少、清爽不黏的豆浆。豆浆有起泡和乳化的作用。

鲜奶油

建议使用乳脂肪含量36%的浓度较清淡的奶油。乳脂肪含量45%的奶油口感更加浓厚。除了打发后使用之外，还可以用于奶油巧克力酱以及太妃糖中。

油

建议使用红花籽油、菜籽油等味道和气味都比较温和的油。

黄油、人造黄油

制作甜点时最好使用不加盐的黄油（右）。也可以用将植物油加工后制成的用于蛋糕制作的人造黄油（左）来代替。

明胶

以猪和牛的胶原质为原料，将液体凝固后用于制作果冻以及慕斯。粉末明胶使用比较方便，板状明胶需用水调和后使用。

琼脂粉

以石花菜等为原料，将液体凝固制成。琼脂粉使用比较方便，只需煮至即将沸腾时熔解即可，在常温下会凝固。

砂糖

在顶层使用细砂糖和绵白砂糖，为将底料面团做成白色要使用白砂糖。颗粒较大的需要充分溶解。

从左上方开始依次为细砂糖、上等优质白砂糖、蔗糖、甜菜糖（其他都是以甘蔗为原料的，而它是从甜菜中提取的甜味料，推荐使用粉末类）、绵白砂糖。

水饴

由薯类和谷物中含有的淀粉经糖化后制出的人工甜味料。做好的水饴保水性较好，温润爽滑。

蜂蜜

蜂蜜是蜜蜂摄取花蜜并在蜂巢中加工储藏的食品。所含水分比水饴多，同样具有保水性，光泽与风味俱佳。

枫糖浆

将糖枫等的树液浓缩后得到的甜味剂，具有糖枫特有的风味，除了浇在食品表面上，与面团混合后会散发出温和的香味。

柠檬汁

清爽的酸味和香气不仅可以增进风味，还能起到防止变色、使面团稳定膨胀的作用。

香草荚

香料。将香草连豆荚整体发酵干燥后的种子，其香甜的香气可以增进风味，用于用鸡蛋和乳制品做的甜点中（使用方法参见46页）。

香草油

从香草中提取出的油。使用乙醇和水提取出的香草精也可以，但由于它受热后会挥发，所以在烤制甜点时最好还是用香草油。

色素

食用色素有从天然材料提取出的天然食用色素（本书中使用的），也有人工色素，它们的色彩各不相同，色粉（如图右）用少量的水溶解。

抹茶粉、可可粉

抹茶粉（左）用于日式点心，可可粉（右）用于巧克力味的西式点心，也可以用来上色。用滤茶器过滤，去除疙瘩即可。

装饰材料

从左上开始依次为巧克力珠、糖珠、巧克力针、装饰糖果。趁巧克力和糖衣未干时将它们撒在其上进行装饰。

巧克力笔

放在热水中使其受热软化，用剪刀把笔头剪开，可以在甜点上画出多姿多彩的图案和文字。

冷冻派皮

可以用它代替制作费工夫的派皮面坯。由于受热后里面的油脂会熔解而导致面团难以成形，因此最好冷冻后擀开面团。

用作装饰的食材

当较小的点心和串烧基本做好后，可以在上面放上绿色香草、坚果、干果等，使其看上去更美观、更诱人。木莓和蓝莓也很好用。

从左上开始依次为罗勒、绿紫苏叶、薄荷、荷兰芹。

从左上开始依次为核桃、越橘、杏、无花果、葡萄干、南瓜子、腰果、澳洲坚果、杏仁。

为小甜点和小食品搭配的

容器和装饰

即使是同样的点心，与不同的容器搭配出的食物也会展现出不同的面貌。可以使用牙签以及一些食材代替容器，愉快地为自己制作的甜点做一次小食品秀吧。

白色四角方盘

在摆放多个分量较小的点心和菜品时使用大盘子比较方便，并且没有边儿的盘子用起来最为方便，建议大小尺寸的盘子都要准备。

白色圆盘

可以在上面进行山形装盘或摆放圆形点心，还可用作托盘摆放从其他容器分来的食物，建议选择平盘，空白处用香草等装饰会更美观。

白色椭圆盘

这是餐厅经常使用的盘形。在装盘时可随意一些，也可用勺子按人数分份，还可以将一些一口大小的点心排成一列。

白、黑长方盘

除了可以摆放长度较长的菜肴外，还可以把一些一口大小的点心竖着排成一列，给人一种清爽典雅的感觉。

木盘

可以铺上食品吸油纸来盛装烤制点心，也可以用作托盘来盛装已放入容器的菜肴，它的材质给人一种天然的感觉。

木制砧板

本来是用来切面包等的砧板，但是用来盛装比较朴素的烤制点心和糕点也非常合适。还可以在下面铺一层食品吸油纸。

玻璃平盘

用来盛装凉的甜点，用它来装盘可以为食物增添一丝凉意。有透明、带图案和颜色、磨砂玻璃等多种样式。

带脚的玻璃盘

小的可以用来盛装冰淇淋、水果冻等凉的甜点，大的可以用来盛装奶酪和水果。用它来装盘可以给餐桌带来立体感，提升格调。

小巧容器

小的玻璃容器可以用来盛装分好的甜点，焙盘用来盛装烤制点心和奶酪烤菜比较方便。小的平盘也可以放上一些小点心。

塑料杯、塑料刀叉

非常适合用于多人参加的派对以及盛放礼物，迷你小勺和叉子在用量较大时可以派上用场。

前菜汤勺

时髦的勺子形容器。用它来盛装多汁的食物比较方便食用，可以装下一口大小的食物。可以用它来少量盛放前菜和点心，与浅盘摆在一起。

餐巾纸

作为用餐时的餐巾纸不仅可以和刀叉搭配摆放。也可以在上面放上会出油出粉的烤制食物，还可以铺到容器下面，使外观更加鲜艳。

棒棒糖棒

可从烘焙材料店购买，左边的为纸制品，右边的为塑料制品。用它串巧克力和迷你甜甜圈就可以不用沾手，并且美观、可爱。

牙签

它是串烧必不可少的部分，从左边起依次为塑料制品、竹扦（根据使用需要，有时会用剪刀剪短）、带旗的牙签、金属制品（可以重复使用，外观时尚，可通过餐具店和网购购买）。

成为底座的食材

尺寸为可以用手抓取食用的一口大小。朴素一些的比较好，既可用于点心也可用于菜肴。

从左上方起依次为奶油水果小派皮、长面包、咸饼干。

第一章
小巧的简单甜点

这里介绍的是蜂蜜蛋糕和派皮等
利用市场上销售的产品就可以轻松制作的甜点。
特别适合没有充足时间制作的人以及初学者。

蛋糕草莓酒浸松糕

这是一道将长崎蛋糕与奶油、水果叠在一起即可完成的简单点心。虽然也可以用较大的容器做出后分成小份，但也可以在每个杯子里放上一人份的量，这样即使人很多也可以从容应对。

成品大小
5cm × 4cm

材料（约6人份）

长崎蛋糕·······················3片
鲜奶油························· 100mL
普通酸奶······················1大勺
白砂糖························1大勺
草莓酱（市场有售）······· 适量
草莓、薄荷叶··········· 各取适量

制作步骤

1 在碗中放入鲜奶油和白砂糖，将碗隔冰水打发至八分发，放入酸奶（鲜奶油的打发方法参见45页）。

2 在小塑料杯中放入切小的长崎蛋糕，放入步骤1的材料，再放上切成小块的草莓，浇上草莓酱，最后放上薄荷叶。

温馨
小贴士
水果可以选择自己喜欢的，果酱也可以适当用水稀释。奶油可以单独打发使用，也可以和卡仕达奶油混合。长崎蛋糕可以依据个人喜好用玉米片或纸杯蛋糕等代替，做好后还可以再放上小饼干或糖果作为装饰。

小水果派

 成品大小
直径3.5cm、高3cm

在市场上购买的派皮底座里放上自己喜欢的食材即可完成的简易甜点，用色泽鲜亮的水果来装饰则会使派皮显得更加鲜艳，秋天也可以用栗子泥和红薯泥做出蒙布朗。

材料（可做12个）

派皮底座（迷你型，市场有售）…………… 12个
布丁（口味较为浓厚的，市场有售）…… 2个左右
※卡仕达奶油（参见25页）也可。
喜欢的水果… 适量（猕猴桃、蓝莓、草莓、香橙）

制作步骤

1 把捣碎布丁塞到派皮底座中，放入切好水果。

温馨
小贴士

点心材料店里可以买到迷你型派皮底座。手工制作时，可将饼干面坯模切后放入小的派皮底座中，用叉子在上面插孔再烤。水果切好后就放到厨房用纸上装盘，这样会吸走水果多余的水分，完成后的外观也比较美观。

苹果派与火腿奶酪派

使用冷冻派皮就可以轻松地做出派皮。虽然也可以烤一张较大的派，然后再切分开，但这样做派容易散开。一个一个烤出来的话不仅外观美观，食用也很方便，还可以根据个人喜好搭配配料。

成品大小
4cm×7cm

材料（可各做8个）

冷冻派皮…………………………	2 片
鸡蛋……………………………	适量

·苹果派

苹果……………………………	½ 个
白砂糖…………………………	1 大勺
黄油……………………………	1 小勺
肉桂粉…………………………	少许
细砂糖等………………………	适量

·火腿奶酪派

火腿里脊片……………………	1 片
奶油奶酪………………………	30g
洋葱……………………………	¼ 个
意大利香芹……………………	适量

拓展食谱

像步骤 2 一样将拉伸过的派皮用模具分切或者切成细长条，然后涂上蛋液，撒上细砂糖，用同样的方法烤制。

制作步骤

〈苹果派〉

1 将苹果和黄油切成稍厚的银杏叶形，切好后放入平底煎锅，加入白砂糖一起炒，炒至苹果变软后撒上肉桂粉。

2

将解冻后的派皮放到砧板上，用擀面杖擀一圈，使之延伸。然后平均切成8片，用叉子插几个孔，在其周围搅匀地抹上蛋液，再放上步骤1中的炒料。把边缘翻折一下，抹上蛋液，撒满细砂糖。

3 放入烤箱，用200℃的温度烤10分钟左右。
※用烤面包机（1000W）烤15分钟。在快要变焦时盖上铝箔。

〈火腿奶酪派〉

和做苹果派一样，把派皮切开后涂上蛋液，放上切成小块的奶油奶酪、切成短细条的洋葱以及切细的火腿。烤制方法和苹果派一样，最后撒上切成细丝的意大利香芹。

温馨
小贴士

解冻派皮时无需开封，趁其还处于低温时进行烹制，可以整齐地擀开派皮且不变形。可用高温、短时间烤制出脆脆的口感，但要注意避免把里面的配料烤得太焦。也可以只烤派皮，待其冷却后再放上奶油和水果。

裹上巧克力的各种点心

光是裹上一层溶化的巧克力就可以做出很多甜点和小吃。用牛奶将巧克力稀释成酱汁状则可以享受巧克力奶酪拼盘。

材料（比较容易制作的量）

甜点专用的甜巧克力··································· 200g
自己喜欢的点心、水果、坚果······················· 适量
（年轮蛋糕、果汁软糖、腰果、核桃、杏仁、金橘皮、干无花果）

温馨
小贴士

使用点心食材店里的"无需回火的巧克力"，做出的点心光泽较好，外观更美观。也可以使用白巧克力，还可以使用香蕉和草莓等水果以及薯片类的咸味食物（关于回火参见46页）。

成品大小
3.5cm×2.5cm×2.5cm
（年轮蛋糕）

放入密闭
容器中冷藏，
可保存3天

制作步骤

1　在大碗中放入切碎的巧克力，用隔水加热的方式熔化。

2　较大的食物切成方便食用的大小，较软的食物则插入竹扦，把金橘皮切细。

3　拿起步骤2中的食物，将其一半放入步骤1中蘸取巧克力，然后放到烘焙纸上等巧克力凝固。

芝士面包干

用变硬的面包就可轻松做出的面包干，再配上自己喜欢的味道，切成小块食用。由于面包是干燥的，所以烘烤时间也可缩短。

成品大小
5cm×5cm×7cm

放入密闭
容器中，常温
下可保存2天

材料（约做16个）

面包（切成8片）…… 2片
黄油……………… 适量
细砂糖…………… 1小勺
芝士粉…………… 2小勺
海青菜…………… 少许

制作步骤

1　在面包上抹上在室温下软化的黄油，再撒上细砂糖、芝士粉、海青菜的混合物。

2　将1片面包片8等分切开（也可4等分切，再沿对角线切成三角形。也可切成棒状），摆放到桌子面板上。

3　用110℃的温度在烤箱中烤40分钟左右。

温馨
小贴士

用低温干烤，直到烤出酥脆的口感，但要避免烤焦。如果不放糖而只放奶酪，可以再撒上胡椒，做成一道下酒小吃。除了细砂糖之外，还可以用其他糖、可可粉、黄豆粉等混合，自由搭配。将大蒜揉进切薄的长棍面包中，撒上橄榄油、盐和胡椒，烤制成蒜香吐司。

材料（可做6~8人份）

面包（切成6片）………………	2片
鸡蛋……………………………	1个
牛奶……………………………	150mL
白砂糖…………………………	1大勺
香草油…………………………	少许
黄油……………………………	适量
橙子……………………………	1个
枫糖浆…………………………	2大勺
蓝莓、香叶芹…………………	各适量

制作步骤

1 在大碗中放入鸡蛋、牛奶、白砂糖、香草油混合，放入12等分切好的方形面包小片后轻轻搅拌，注意不要把面包拌碎。浸泡15~30分钟。

2 将黄油放入平底锅中，中火加热，待其熔化后把步骤1中的材料加到平底锅中，稍微着色后翻面继续烤。

3 把橙子上下两头切掉，剥皮，在橙瓣之间下刀取出果肉。用剩下的部分榨取果汁，与橙子果肉和枫糖浆混合。

4 将步骤2和步骤3中的材料装入小的容器中，用蓝莓和香叶芹做装饰。

温馨小贴士

将面包切小后浸在溶液中，可以使面包变得不易散碎，缩短烹饪时间。用枫糖浆腌水果后装盘，可以使水果更加温润，增进其风味。将其冰镇一下也很美味。

将法式吐司和腌制的水果分开装入密闭容器中冷藏，可保存1天

成品大小
直径6cm、高4cm

香橙法式吐司

法式吐司用作早餐很有人气，我们还可以把它切小后摆放到纸杯里，制作出一道精致的甜点。可以根据个人喜好在里面搭配水果、奶油和冰淇淋等。

水果三明治、
卷心三明治

这是夹有水果和奶油等的甜点三明治。使用当季水果味道更
加鲜美。

成品大小
3cm × 4cm × 3cm

用保鲜膜包裹
以防止变干，
冷藏下可保存
1天

材 料（水果三明治12个、卷心三明治9个）

三明治面包……………………………… 7 片（1 包）
奶油奶酪………………………………… 100g
白砂糖…………………………………… 1 大勺
蓝莓酱、自己喜欢的水果（桃子、蜜瓜）… 各适量

温馨
小贴士

可以用较硬的打发奶油代替奶油奶酪。切割时请选择较为
锋利的刀来切，避免将其切散。用沾湿的纸巾擦拭用过的
刀，使切割的切口整齐干净。水果先放到厨房用纸上，吸
走多余水分后再往里夹。

制作步骤

1　将奶油奶酪放入耐热容器中，在微波炉里加热30
　　秒左右，待其软化后掺入白砂糖。

2　在面包一面薄薄地涂上一层步骤 1 中的材料。

3　将步骤2中3片面包的前半部分涂上蓝莓酱，把一
　　端卷起，用保鲜膜包住。在剩下的2片面包上各放
　　上切成1cm厚的桃子和蜜瓜，再在上面盖上面包。

4　卷心三明治则把保鲜膜揭开，切成 3 等份，插入
　　牙签。水果三明治切成 6 等份。

冰淇淋饼干三明治

用市场上销售的小饼干与自己喜欢的冰淇淋就可以轻松地做出可以一口吃下的饼干三明治。也可事前准备好，等客人来时拿出招待客人。

成品大小
直径3.5cm、高2cm

材料（可做12个）

米牌饼干（日本产的一种小饼干）……… 24块
香草冰淇淋……………………………… 1个

温馨小贴士

制作时冰淇淋会融化，因此需要预先将方盘和饼干进行冷却，诀窍就是将做好的三明治放入冰箱，使其冷却凝固。

制作步骤

1 用小勺舀起一团冰淇淋，搓圆后夹在饼干中间。

2 将其放入方盘中，在冰箱冷藏1个小时左右，使其凝固，用一个一个蜡纸包好后再放回冰箱，直到吃时再拿出来。

第二章
小巧的西式甜点

我们收集了一些让您情不自禁会喜笑颜开的人气甜点。
重点是小尺寸的点心容易食用，也容易制作，而且美味诱人。

松软的花式纸杯蛋糕

用做1块松糕的面团可以烤制出很多迷你型的纸杯蛋糕，还可以再把它们装饰成各种可爱的样子。由于制作简单且食用方便，因此既可成为派对的甜点，也会成为受欢迎的礼物。

成品大小
直径4.5cm、高4.5cm

只将纸杯蛋糕
放入密闭容器中，
常温下可保存
2天

材料（可做18个）

鸡蛋	3个
白砂糖	60g
色拉油	20mL
水	2大勺
低筋粉	50g
泡打粉	½小勺
鲜奶油	100mL
白砂糖	1大勺
木莓（打成果酱）	10g
蓝莓	适量
荷兰芹（如果有的话）	适量

温馨小贴士

将蛋白与蛋黄分别打发，这样可以做出轻柔的口感。事先将烤箱预热，以避免泡沫散去，才将面团放入模具后马上就开始烤制。

如果没有玛芬模型，用硅胶杯或者形状随意的纸盒来烤也可以。如果使用戚风蛋糕的模型，使用直径18cm的模型。

制作步骤

1  将蛋白和蛋黄分离到两个大碗里。首先用手持搅拌机打发蛋白起泡，变白之后将一半的白砂糖分两次加进去，之后再次打发，直到表面出现立起的角。

2  将剩下的白砂糖放到蛋黄中，用手持搅拌机打发至变白，再与水和色拉油混合。用滤网加入粉类，用橡胶刮铲搅拌至平滑。将步骤1的材料分3次加入其中搅拌，注意保持当中的泡沫。

3  用勺子往垫有纸杯的玛芬模具（底部直径4.5cm、高度3cm）中加入之前搅拌好的底料，每个模具加到八成即可。将其放入烤箱，用170℃的温度烤15分钟，然后将其从模具中取出，冷却。

4  往大碗里加入鲜奶油和白砂糖，隔冰水打发至八分发（鲜奶油的打发方法参见45页）。将其一分为二，往其中一半加入过滤后的木莓（10g），搅拌成粉红色。将白色的奶油加入装有圆形裱花嘴的裱花袋，将粉红色的奶油加入装有星形裱花嘴的裱花袋中。然后在蛋糕上做装饰，可饰以木莓、蓝莓、荷兰芹。

拓展食谱

蛋糕卷

材料（约可做3根，18等份）　使用与纸杯蛋糕相同数量的底料。

制作步骤

1 准备3个不锈钢四角平底方盘（15cm×23cm），里面放入烘焙纸，将与用于制作纸杯蛋糕相同的底料3等分，倒入盘中至厚度7mm左右的程度。然后放入烤箱中，用170℃的温度烤13分钟，之后把它放到薄纸（薄板）上冷却，以避免过于干燥。

2 将步骤1冷却的蛋糕摆向竖长方向，笔直地切下两端和下端，斜着切掉上端。为了便于翻卷，用菜刀沿水平方向切出几个切口。使用的打发奶油与用于纸杯蛋糕的相同（加入木莓），把翻卷的末端留出4cm，其他地方都涂抹上奶油，然后从一端开始卷。用薄纸将其包好，把卷的末端放置于下方，然后放到冰箱里冷却30分钟，6等分切好。

温馨小贴士

只要保持厚度为7mm，即使大小和数量发生改变也没有关系。如果没有平底方盘，可以使用由铝箔套上烘焙纸制成的模具来代替。另外，由于蛋糕卷与纸杯蛋糕所用的底料相同，可以在制作了12个纸杯蛋糕（⅔的底料）后，用剩下的底料（⅓的底料）来做蛋糕卷，这样就可以同时制作两款点心了。在开始卷的时候还可以在蛋糕上摆上木莓或蓝莓。

巧克力玛芬

加入了巧克力的温润、柔软的玛芬是将食材混合后烤制即成的简单甜点。包装一下即可用作圣诞节和情人节的礼物。

 成品大小
直径4cm、高4cm

放置于密闭
容器中，常温
下可保存2天

制作步骤

1 在大碗中放入切细的巧克力和牛奶，用隔水煮的方法加热，用橡胶刮铲搅拌至熔化（参见46页巧克力的使用方法）。

2 往步骤1的大碗中加入色拉油、鸡蛋、白砂糖、盐的混合物，用打蛋器搅拌至平滑状态。用滤网撒上低筋粉和泡打粉，搅拌至看不到明显的粉末，然后加到玛芬模型中，加入量为模型容积的70%。

3 放入烤箱，用170℃的温度烤13分钟，冷却后用滤茶器撒入绵白糖。

材料（可做8个）

甜点专用的甜巧克力……………… 60g
牛奶……………………………… 30mL
色拉油…………………………… 30mL
鸡蛋………………………………… 1个
白砂糖…………………………… 20g
盐………………………………… 少许
低筋粉…………………………… 40g
泡打粉…………………………… ½小勺
绵白糖…………………………… 适量

温馨
小贴士

巧克力可以使用苦巧克力和牛奶巧克力等自己喜欢的品种，还可以使用板状巧克力。模型除了纸质的之外，还可以用硅胶杯以及涂了薄薄一层油的耐热杯。也可以把底料浇到铺有烘焙纸的耐热容器中烤制再切分。

柠檬玛德琳

成品大小
5cm×3cm

玛德琳是一款可以充分享受黄油与柠檬香气的点心，而且尺寸小巧，便于享用。由于放置1天后会变得更加温润美味，因此也最适合作为礼物送出。

材料（可做25个）

鸡蛋	2个
白砂糖	40g
蜂蜜	40mL
黄油（不加盐）	70mL
盐	少许
低筋粉	80g
泡打粉	½ 小勺
柠檬汁	1 小勺
柠檬皮碎泥	½ 个的量

温馨
小贴士

面团底料放置于冰箱中冷藏后会变得比较稳定，呈平滑的黏糊状。烤好冷却后放置于密闭容器中，1天后会变得更加温润美味。模型可根据个人喜好选用纸质的迷你纸杯蛋糕模型等。由于蛋糕比较小，所以请注意避免烤过头。底部烤成黄褐色就大功告成了。

制作步骤

■ 使用玛德琳模型（直径5.5cm，可烤15个）时，用毛刷把溶化了的黄油薄薄地涂到模型里，加入面团后放入冰箱冷却。用滤茶器撒上低筋粉（食谱分量之外），把多余的粉轻轻拍下来。

■ 使用硅胶杯模型（底径3cm）时可以垫上尺寸与模型相符的纸杯或薄薄地抹一层油。

1 将黄油放到耐热容器中，用微波炉加热40秒左右，使其熔化。

2 在大碗中放入回归室温的鸡蛋、白砂糖、蜂蜜、盐后搅拌，撒入低筋粉和泡打粉，搅拌至看不出明显的粉末。加入步骤1中的黄油混合，再加入柠檬汁、柠檬皮泥混合搅拌。包上保鲜膜，在冰箱冷却1小时左右。

3 在模型中加入面团底料，加入量占模型的80%，放入烤箱用180℃的温度烤12分钟左右。从模型上取下冷却。

小泡芙

酥脆的外皮配上平滑黏稠的卡仕达奶油，可以一口吞下的大小配上可爱的样子，一定会令您忍不住想品尝一番。

成品大小
直径3.5cm、高3.5cm

泡芙外皮密封
常温可保存1天，
奶油冷藏可
保存1天

材料（可做7个）

■ 卡仕达奶油
牛奶·························· 200mL
蛋黄·························· 2个
白砂糖······················ 50g
低筋粉······················ 15g
香草豆······ 半根（或香草油少许）
※ 香草豆的使用方法参见46页。
鲜奶油······················ 100mL

■ 泡芙外皮
牛奶·························· 60mL
水···························· 60mL
黄油·························· 70g
※ 若使用未加盐的黄油则可以放1
把盐进去。
低筋粉······················ 80g
鸡蛋·················· 3个（150g）
绵白糖······················ 适量

制作步骤

〈 卡仕达奶油 〉

1 锅里加入一半的牛奶和白砂糖后加热，在沸腾前关火。

2 将蛋黄和剩下的白砂糖倒入大碗里混合搅拌，搅至泛白后掺入低筋粉。然后一点一点地加入步骤1中的牛奶，用滤网过滤一次后再返回锅里。边煮边用刮铲搅拌，煮至出现稠糊后混入香草豆。将其移到耐热容器中，铺上保鲜膜，待温度稍下降后放入冰箱冷藏。

3 将鲜奶油打发至八分发，然后加入步骤2中混合搅拌。

〈 泡芙外皮 〉

1 锅里加入牛奶、水、切块的黄油，边用木刮铲搅拌边煮，煮至沸腾关火。

2   加入低筋粉，混合搅拌至看不到明显的颗粒。开弱火搅拌，直至底部出现一层薄膜后关火，将搅匀的蛋液分3次倒入，用力混合搅拌，直至达到用刮铲舀起面团后面团会缓慢下落且现三角形的硬度即可。

3 将面团装入带有口径为1cm的裱花嘴的裱花袋里，在铺有烘焙纸的面板上每隔3cm挤出一个直径为3cm的圆面团。用沾了水的手指轻微地调整下形状，再用沾了水的叉子在上面插几个孔，并使这些孔呈十字形状。

4 将其放入烤箱，用190℃的温度烤15分钟，再用170℃的温度烤7分钟，直至烤出焦黄色。然后保持烤箱门关闭的状态静置10分钟左右。

5 将卡仕达奶油装入带有口径为3mm裱花嘴的裱花袋里，在泡芙外皮上部⅓的地方切一下，然后挤入奶油。最后撒上绵白糖。

拓展食谱

小泡芙塔

用筷头在泡芙外皮的底部开孔，挤入卡仕达奶油。浇上糖衣（或熔化的巧克力）后摆放成3个，往上面重叠，可以做成3段重叠（糖衣的制作方法参见30页）。

温馨
小贴士

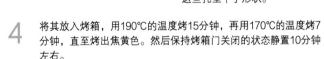
使泡芙外皮成功膨胀的诀窍是"快速搅拌蛋液，使其保持不软不硬的程度"以及"在烤制途中以及刚烤好时不要马上开烤箱盖"。迷你大小的泡芙容易挤出后成型，也很容易受热，因此适合初学者。如果没有圆形裱花嘴，可以在裱花袋袋口的里端剪出1cm的切口，装入面团后就可以直接使用。

干果与坚果饼干

不需要动用模具，简便的操作便可一次做出很多的饼干。使用植物性原料的清淡、酥脆饼干很受一些控制摄入高热量、高油脂的人喜爱。

成品大小
直径3cm

材料（可做60个）

白砂糖（粗制糖）、色拉油………… 各60g
豆浆（未经调整成分的）………… 30mL
柠檬汁……………………………½小勺
盐………………………………… 1小把
低筋粉……………………………… 120g
杏仁粉……………………………… 20g
泡打粉……………………………½小勺
蔓越莓……………………………… 50g
核桃………………………………… 30g
椰子（切碎）……………………… 20g

制作步骤

1 大碗里加入白砂糖、色拉油、豆浆、柠檬汁、盐，用打蛋器充分搅拌。用滤网将低筋粉、杏仁粉、泡打粉一起撒入其中，用橡胶刮铲搅拌到看不到明显粉末为止。再放入蔓越莓、切得较粗糙的核桃、椰子。

2 将步骤1中的材料4等分后揉成棒状，用菜刀间隔5mm左右切开，再揉成圆形、三角形、四角形等形状，摆放到铺有烘焙纸的面板上。

3 放入烤箱，在170℃的温度下烤约15分钟。

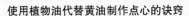

温馨
小贴士

使用植物油代替黄油制作点心的诀窍

加入杏仁粉可以产生温润的口感，还可以加柠檬汁和盐来调味。

在往底料面团加粉之前用打蛋器充分搅拌至乳化。加入粉类后会产生黏性，因此搅拌时动作要快。

白砂糖推荐使用未精制的品种（如蔗糖、粗制糖）以及甜菜糖。

干果和坚果可以选择自己喜欢的进行组合，享受不同的色泽、风味和口感。

饼干保存方法

待其完全冷却后加入干燥剂，放置到密闭容器或罐头里，避免高温多湿的环境常温保存（可保存5天）。

拓展食谱

成品大小
直径3cm

制作步骤

巧克力饼干

粗糙的巧克力饼干也可轻松制作，并且外观也十分可爱！所需的操作仅仅是混合、搓圆，很适合初学者。

材料（可做60个）

使用与制作干果、坚果饼干同量的材料，可以使用50g巧克力碎粒、30g杏仁切片、¼小勺的肉桂粉来代替蔓越莓、核桃、椰子。

1　采用与制作干果、坚果饼干的步骤1相同的方式进行搅拌，将粉类与肉桂粉混合，再掺入巧克力碎粒和杏仁切片制作底料。

2　将烘焙纸沿着面板的尺寸剪好，用小勺将步骤1的材料进行60等分，用洗净并晾干的手揉成厚5mm的圆面团。

3　将其放到面板上，放入烤箱用170℃温度烤15分钟左右。

温馨
小贴士

也可以不用市场上销售的巧克力碎粒，自己将板状巧克力切成5mm左右的角状碎块。坚果根据个人喜好可直接加，也可切成片。

挤挤饼干

成品大小
直径约3cm

放置于密闭
容器中，常温
下可保存3天

如果有裱花袋和裱花嘴，饼干成型的速度可以比用手揉快很多，口感也更松脆。这是一种复古的可爱饼干。

材料（大约可做60个）

黄油（未添加食盐）	100g
牛奶	30mL
细砂糖	70g
香草油	少许
低筋粉	130g
草莓酱（或者其他自己喜欢的果酱）	适量

制作步骤

1 大碗里加入切成块的黄油，放置于室温下软化，牛奶也恢复室温。用打蛋器将黄油搅拌至顺滑状态，加入细砂糖和香草油，再往里一点一点地加牛奶，搅拌至顺滑状态。用滤网撒入低筋粉，用橡胶刮铲搅拌至看不到明显的粉末。

2 将其加入带有星形裱花嘴的裱花袋中，在铺有烘焙纸的面板上挤出3cm左右的大小。

3 放入烤箱，用160℃的温度烤15分钟左右，然后放到饼干冷却架上冷却。

4 将步骤3中形状相同的饼干配对，用小勺在中间抹上适量的果酱。

※ **自由设计形状**
用个人喜欢的挤压方法挤出各式各样的饼干。往里夹果酱时，制作相同数量的直径3cm的圆形饼干和环形饼干。此外还可以做出连锁形、水滴形、棒状等。

温馨小贴士

做饼干时有两点很重要：一是将黄油软化并搅拌至顺滑状态，撒粉时避免撒出面疙瘩；二是挤出饼干时挤成稍硬的程度，可稳定成型的状态是最好的。

拓展食谱

将熔化的巧克力抹到饼干上，放到饼干冷却架上滤掉多余的巧克力，在巧克力凝固前放到烘焙纸上，直至其凝固（气温较高时还可放入冰箱）。也可以把巧克力酱（生巧克力的食谱也相同）用于三明治。

模切糖衣饼干

制作这种饼干可以先用自己喜欢的模具切出好看的形状，再在上面用糖衣做装饰，而这无论对制作者还是享用者来说都是能让人感到幸福的梦幻点心。根据主题决定饼干的形状设计，再为其附上寓意，可以使一个派对更活跃，也可以作为很棒的礼物。

放置于密闭容器中，常温下可保存5天

材料（可做80个）

黄油（未添加食盐）……………… 100g
牛奶………………………………… 20mL
绵白糖……………………………… 80g
香草油……………………………… 少许
低筋粉……………………………… 200g

糖衣
糖粉………………………………… 100g
水…………………………………… 1大勺
天然色素（红、蓝、黄）… 各少许

制作步骤

1 大碗里加入切成块的黄油，放置于室温下软化，牛奶恢复室温。用打蛋器将黄油搅拌至顺滑状态，加入绵白糖和香草油，然后一点一点地加牛奶，搅拌至顺滑状态。用滤网撒入低筋粉，用橡胶刮铲搅拌至看不到明显的粉末。

2 放到保鲜膜上，摊平为四角形后包裹起来，然后放到冰箱冷藏1个小时左右。

3 将面团4等分，再用剪刀把1个中号的保鲜袋剪开，将面团夹层于保鲜袋中。用擀面杖将面团擀开，使其厚度为3mm（可以放1把厚3mm的尺子）。将上面的袋子剥下，用模具造型，然后再摆放到铺有烘焙纸的面板上。

为防止面团粘在模具上，可以预先在模具上撒上低筋粉，这样切口就比较干净。将手掌垫在下方，移动时尽量保持原状。剩下的面团用同样的方法进行模切。

4 放入烤箱，用160~170℃的温度烤15~20分钟，冷却。

5 制作糖衣，根据个人的喜好淡淡地着色。将其倒入自制的裱花袋中，用剪刀剪开另一头，然后给步骤4的饼干做装饰。待糖衣完全固定后使其干燥。

温馨小贴士

饼干和糖衣未使用鸡蛋，推荐给控制摄入鸡蛋的人，口感也更加清脆。如果没有切边模具，可以将擀过的饼干用菜刀切成长3cm的正方形，然后用小杯子等进行造型，这样反而更能充分地享受到设计糖衣的乐趣。

糖衣的制作方法

将水一点一点地与绵白糖混合，使其硬度与黏合剂相近，然后再一点一点地分成若干份，用筷头往里一点一点地加入红色、蓝色、黄色的着色料（如用的是粉状着色料，可以先用一点水溶解），淡淡地着色，还可以把黄色和蓝色着色剂混合起来制作绿色。

自制裱花袋的方法

将烘焙纸剪成底边为20cm左右的三角形，以顶点为中心卷折，制作圆锥，将上端往里折。用勺子将做好的糖衣倒入其中，将左右两端斜着往折起，最后再把上端往里折以固定。用剪刀一点一点地剪开裱花一头，以控制线条的粗细。如果整面都涂，可以直接把糖衣涂在饼干上，然后去除多余部分即可。多重裱花需等下一层糖衣干燥固定后再进行。

冰箱饼干

所用的底料与模切饼干相同，只是做成2种颜色。将其冷却固定后再切分就成了冰箱饼干。可以享受做出在图画书中出现的各种花纹的乐趣。

成品大小
直径3cm

3cm×3cm

放置于密闭容器中，常温下可保存5天

材料（大约可以做80个）

黄油（未添加食盐）……… 100g
牛奶……………………20mL
绵白糖………………… 80g
香草油………………… 少许
低筋粉………………… 200g
可可粉………………… 10g

制作步骤

1　大碗里加入切成块的黄油，放置于室温下软化。牛奶恢复室温。用打蛋器将黄油搅拌直至顺滑状态，加入绵白糖和香草油，再往里一点一点地加牛奶，搅拌至顺滑状态（到这一步与制作模切饼干相同）。将一半的面团（100g）分到其他的大碗里，用滤网按照纯低筋粉和加有可可粉的低筋粉的顺序分别撒到两个大碗里，用橡胶刮铲搅拌至看不到明显的粉末。

2　放到保鲜膜上，摊平为四角形后包裹起来，然后放到冰箱冷藏1个小时左右。

3　用剪刀把1个中号的保鲜袋剪开，将面团夹在其中。用擀面杖将面团擀开，用尺子结合尺寸进行自己喜欢的设计、造型※。用保鲜膜包好，放入冰箱冷却。

4　将步骤3的材料放置于室温下10分钟，按照5mm的厚度进行切分，摆放到铺有烘焙纸的面板上。

5　放入烤箱，用170℃的温度烤15分钟左右。

※ 造型步骤

❶ **螺旋卷状**

延伸至2mm，用尺子量出10cm×10cm的大小，切割。用褐色和白色面团重叠卷出。

❷ **黑白方格状**

延伸出1cm，切出10cm×1cm的棒条，将2根白色和2根褐色棒条组合成正方形，再用厚2mm、10cm×10cm的褐色面皮将整体包起来。

❸ **镶边状**

将厚度延伸至5mm，切为10cm×2cm的棒条。2根白色和2根褐色棒条组合成正方形，再用厚2mm、10cm×10cm的褐色面皮将整体包起来。

剩下的面团可以混合后做成大理石形，也可以揉成圆柱，再用薄的面皮包裹即可。还可以加入杏仁切片。

温馨
小贴士

在将两种颜色混合匹配时注意要保持统一的大小，如果组合得没有缝隙，也可以选择自己喜欢的设计。将面团冻得硬一些，操作起来相对更简单。将冷冻的面团放入密闭袋保存（可保存3周左右），吃时只用切分烤制即可，非常方便。

迷你烤饼

成品大小
直径6cm

将烤饼放入密封袋进行冷藏，可保存2天，冷冻则可保存2个星期

与其去切分大的烤饼，不如烤出小的，并在每个上面配上顶饰以方便食用。如果一次摆放出很多，并且都配以精致的装盘，绝对可以成为派对的主角。

材料（可做16个）

鸡蛋	1个
普通酸奶	50mL
牛奶	150mL
色拉油	1大勺
烤饼预拌粉	200g
鲜奶油	100mL
白砂糖	1大勺
香蕉、猕猴桃、黄桃（罐头）	各适量
枫糖浆（根据个人喜好）	适量

制作步骤

1 在大碗中搅开蛋液，加入酸奶、牛奶、色拉油后用打蛋器进行充分搅拌。加入烤饼预拌粉，搅拌至没有面疙瘩。

2  在充分加热后的平底锅里抹上薄薄的一层色拉油（食谱分量之外），放到打湿的抹布上稍稍吸走热量。调成小火，将面团底料用小的圆汤勺浇入锅中，并使其呈圆形（直径6cm左右）。盖上锅盖用小火烤制，待其响起咕嘟咕嘟的声音且表面开始出现小孔时，将烤饼翻过来，烤至饼身起色。

3 将烤好的烤饼装到盘子里，放上切小的水果。将白砂糖加到鲜奶油中，打发至八分发后装入带有星形裱花嘴的裱花袋中，挤到水果上（也可以浇上枫糖浆）。

温馨小贴士

往面团里加入酸奶和油，使其更温润、醇香。将蛋白从蛋液中分离出来，以方便制作蛋白酥，加入粉之后再搅拌可以得到更加松软的面团。制作顶饰时可以准备一些巧克力、果酱等，用自己喜爱的风格进行装盘也是十分有趣的。

拓展食谱

一口大小的水果烤饼三明治

将2片迷你面包重叠在一起，4等分，挤入打发的鲜奶油，放上木莓（自己喜欢的水果），用牙签穿好后制成三明治。

材料（可做20个左右）

豆浆（未调整过成分的。也可以用牛奶）·······················90mL
色拉油·······························30mL
烤饼预拌粉·····························150g
糯米粉（或者淀粉）··············20g
色拉油·······························适量
巧克力、白巧克力（也可以使用用来涂层的巧克力）、巧克力笔（粉红、绿色）、顶饰糖、白砂糖等··· 各适量
油炸用油·······························适量

制作步骤

1 大碗里加入豆浆、色拉油、白砂糖，用打蛋器进行充分搅拌，直至其变松软。加入烤饼预拌粉和糯米粉，搅拌至没有面疙瘩。

2 在手和砧板上撒满烤饼预拌粉（食谱分量之外），将面团20等分后搓圆。将其中一半的面团在其中心用沾了粉的手指捅1个孔，做成环形。

3 加入2cm深的油炸用油，用中温（170℃）进行加热，将步骤2的材料放到锅里一边炸一边翻滚，直至炸出焦黄色。然后放到纸巾上进行冷却。

4 用隔水加热方式熔化切碎的巧克力，然后涂到步骤3的材料上，抹去多余的巧克力，放到烤网上。用热水加温巧克力笔，用剪刀将笔头剪开。待底层巧克力凝固后在上面画线。白砂糖点心则要趁巧克力尚未凝固时放上去。

温馨小贴士

使用的面团里没有加鸡蛋，而是用糯米粉混合而成，这样搭配出的面团油炸后口感外酥里嫩、不易变形，完成时外观也很美观。

迷你甜甜圈

可以制作很多控制了甜度的甜甜圈，然后用巧克力对其进行可爱装饰。做小一些可以用比较少的油、花比较少的时间炸好。

放置于密闭容器中，常温下可保存1天

成品大小直径3cm

成品大小直径5cm

装盘点子

圆形的甜甜圈可以插上从点心材料店买到的棒棒糖棒，然后将其插入带孔的盒子或放入纸杯中，这样的安排会非常有趣。

菠菜豆腐司康面包

成品大小
4cm×4cm

放置于
密闭容器中
冷藏，可保存
2天

使用豆腐和加有色拉油的面团烤制面包，口感外酥里嫩。比用黄油的面包清爽一些。由于这道点心营养均衡，可以用来当做正餐。另外冷藏后也很好吃，也推荐用于野餐。

材料（6人份）

烤饼预拌粉······················· 200g
北豆腐··························· 100g
色拉油····························20mL
菠菜（煮熟可冷冻）·········· 50g
脆皮肠····························2根
盐·······························1把
酸奶······························适量

制作步骤

1　将煮好的菠菜切细丝，稍去水分，然后按量称重。将脆皮肠切成大小为5mm的小块。

2　在大碗里放入北豆腐、色拉油、盐，再加入步骤1中的菠菜并充分压碾。然后加入烤饼预拌粉，搅拌至没有面疙瘩。

3　将烘焙纸剪成面板的大小，然后将面团擀成厚度为1.5cm的四角形，16等分切开，在切好的面团间留一些空隙。把脆皮肠放上去，用酸奶在上面画线。

4　放入烤箱，用180℃的温度烤20分钟左右。

温馨
小贴士

也可以用烤面包机来烤（调至1000W，烤15分钟左右），将面团放到涂有薄薄一层油的铝箔上，如果烤制途中感觉会烤焦，可以在上面再裹一层铝箔。配菜可以选择西蓝花、火腿等自己喜欢的食材。也可以加入切碎的苹果和肉桂粉，烤出来也很好吃。

南瓜软饼干

成品大小
4cm×6cm

这是可以轻松做出的万圣节点心，即使没有模型也可以用手搓出南瓜的形状。
推荐给小朋友。

放置于
密闭容器中，
常温下可保存
2天

材料（可做40个）

南瓜（切成5cm的小块）············ 4个（120g）
烤饼预拌粉····························· 200g
牛奶·································· 30mL
白砂糖································· 20g
色拉油································· 20g

**温馨
小贴士**
也可以与菠菜豆腐司康面包一样
用烤面包机来烤。由于控制了甜
度，可以适当加入果酱等。

制作步骤

1 将南瓜用保鲜膜包好，放入微波炉中加热5分钟左右，去皮后放入大碗里称重。加入牛奶、白砂糖、色拉油，用力挤压南瓜并搅拌。加入烤饼预拌粉后将整体揉成一团。

2 用剪刀剪开保鲜袋，并用剪开的袋子夹住面团，将其擀至厚度为5mm，用模具（南瓜形、星形）造型，然后放到铺有烘焙纸的面板上。

3 用两把勺子竖着插入面团，扩出嘴巴的形状，再放上瓜蒂（长方形）、鼻子和眼睛（三角形）。

4 放入烤箱，用170℃的温度烤15分钟左右。

胡萝卜蛋糕

使用迷你大小的纸质模型可以享受轻松制作烤制点心的乐趣。在温润的加有很多胡萝卜的面团上,用果酱、干果以及坚果来做装饰,非常适合用作礼物。

成品大小
10cm×3cm×4cm

用保鲜膜
包好,在常温
下可保存2天

材料(长10cm,可做8个)

胡萝卜······ ½根(90g)
牛奶······ 90mL
白砂糖······ 40g
色拉油······ 40mL
烤饼预拌粉······ 200g
杏仁酱和自己喜欢的坚果、干果··· 各适量

温馨
小贴士

也可以用熔化的黄油(等量)代替色拉油掺入面团。模型也可以选用玛芬模型等。如果想给蛋糕表面添加光泽,可以使用杏仁酱。也可以用加了白砂糖的奶油奶酪或糖衣代替杏仁酱,涂成白色同样很好看。

制作步骤

1 大碗中加入牛奶、白砂糖、色拉油,用打蛋器进行充分搅拌,并加入磨碎的胡萝卜。加入烤饼预拌粉,搅拌至没有面疙瘩。

2 将其加入纸质模型,加入的量为模型的七成左右,整理平整。

3 放入烤箱,用120℃的温度烤20分钟左右。然后放到蛋糕冷却架上进行冷却。

4 在步骤3的表面涂上杏仁酱,再饰以干果和坚果,坚果上也可以涂上一点杏仁酱。

果汁软糖

成品大小
2cm×2cm

只要有明胶和糖浆就能轻松地做出特别受小朋友欢迎的软糖。可用作零食和甜点，将不同颜色的软糖整齐地摆放到玻璃盘里，一定会引起一片欢呼的。

材料（可做15个）

明胶粉·······························　5g
自己喜欢的纯度100%的果汁 ···············40g
糖浆（或者蜂蜜）·····················20mL

※ 图中所用的果汁是橙汁、葡萄汁、苹果汁。

制作步骤

1 将果汁倒入大碗里，掺入明胶粉，放置5分钟，使其充分浸泡。用隔水加热方式进行熔化，加入糖浆（或者蜂蜜），然后搅拌至充分溶解。

※ 用平底锅烧水，沸腾后关火，大碗放入其中，这样就比较容易搅拌了。明胶用70℃左右的温度熔解，凝固后形状比较美观。

2 将其倒入带有注入口的量杯中，然后再倒入模具中。

3 放入冰箱1个小时以上，使其冷却凝固，然后从模具下取下。

温馨小贴士

软糖特有的口感来自于明胶、糖浆、蜂蜜等黏性甜味材料。糖浆具有加工过的淀粉的甜度，它可以给煮的食物增添光泽，也可以使点心的底料面团更加稳定，并且放到密闭的冰箱还可以长期保存。硅胶模具的耐热性较好，可重复使用，并且取下食物也很方便。

拓展食谱

如果没有模具，可以将底料液体倒入小的密闭食物容器中，使之薄薄地展开成一层，凝固后用菜刀切出自己喜欢的形状。

材料（可做30块）

鲜奶油·························	90mL
糖浆·························	40mL
白砂糖·························	30g
黄油（含盐）·················	30g

制作步骤

1 在大小为10cm左右的方形耐热容器中铺上烘焙纸。

2 将所有材料倒入厚底小锅中，开稍强的中火，边煮边用刮铲搅拌至煮干。当液体煮至米黄色且稍显黏性时调至小火，待其颜色变浓呈焦糖的颜色后关火，倒入步骤1的容器中。

3 待温度稍微降一点后将其从模具上取下，展开烘焙纸，用切刀切成1.5cm的小块。

4 放入冰箱，冷冻直至凝固，然后用切成方形的玻璃纸（或者蜡纸）一颗一颗地包好。

制作焦糖的步骤非常简单，只需煮一下就可以完成。但由于需要用高温煮，所以操作时要当心避免烫伤。煮至着色需要花5分钟，如果用大火煮，底部容易煮焦，因此需要慢慢地搅拌至出现纯正的米黄色。煮好时如果表面起油，在切之前可以轻轻用厨房纸压几下。

成品大小
1.5cm的块状

置于密闭容器中冷藏，可保存5天

焦糖糖果

脆脆的口感和醇香的风味在口中散开。由于它比较耐放，所以推荐一颗一颗地用玻璃纸包好后作为礼物送出。

顶饰巧克力

成品大小
直径3.5cm

只用将自己喜欢的巧克力熔化后倒入模型中，再放上水果和坚果就成了一道外观精致的一口巧克力。既可以作为礼物，也可以成为大人们的下酒甜点。

放置于
密闭容器中
冷藏，可保存
5天

材料（可做12个）

甜点专用巧克力…………………… 100g
牛奶（或者用鲜奶油）…………… 2大勺
混合坚果（杏仁、腰果、核桃、澳洲坚果）……………………………… 适量
葡萄干、越橘干等………………… 适量

制作步骤

1 将切碎的巧克力和牛奶放入大碗，再放入微波炉中加热1分钟，使其熔化，然后取出搅拌（也可以用隔水加热的方式进行熔化）。

2 将纸质模型嵌入小硅胶杯，将步骤1的材料倒入当中，倒入量占模型容积的一半左右。然后放上坚果和葡萄干、越橘干等，待其凝固。

> **温馨小贴士**
>
> 如果是做给大人吃的，可以在熔化的巧克力中加入白兰地等洋酒。如果模型足够牢固，可以选用铝质或纸质模型，而不必重叠。如果使用市面上销售的用于便当的小硅胶杯，可以将巧克力浆直接倒入杯中，这样不仅外形美观，拿取也很方便。

生巧克力

成品大小
2cm的小块

放置于密闭
容器中冷藏，
可保存5天

仅仅通过熔化、凝固、切割就可简单制成，可以尽情享受巧
克力风味的奶油巧克力酱，非常适合当作情人节礼物。

材料（大约可以做16个）

甜点专用巧克力·····················100g
鲜奶油···························60mL
糖浆（或者蜂蜜）····················10mL
自己喜欢的洋酒　（大马尼埃酒、朗姆酒、白兰地
等）····························½小勺
可可粉···························适量

制作步骤

1　把鲜奶油和糖浆倒入锅中，边搅拌边加温至快要沸腾，然
后往大碗中加入切碎的巧克力，充分搅拌至熔化，再加入
洋酒。

2　在10cm大小的方形容器中铺上烘焙纸，把步骤1的材料倒
入其中，使其摊开成厚度为1.5cm的一层。整理边角成为
正方形，放到冰箱里冷却凝固。

3　用带有一定温度的切刀将其切成2cm的小块，并整体撒满
可可粉。

松露的做法

将步骤1的奶油巧克力酱冷却至可以搅动的程
度，放入带有1cm口径裱花嘴的裱花袋中，在
烘焙纸上圆圆地挤出，然后使其冷却凝固。用
手把形状调整成圆形，撒满可可粉。

温馨
小贴士

巧克力可以根据个人喜好享受不同的味道，白巧克
力也可以用同样的方式熔化，还可以搭配混合抹茶
粉和草莓粉。

最好预先掌握的 基本技巧

这里介绍制作点心所需的基本操作技巧，在重复操作实践中掌握诀窍吧。

制作点心的准备：

准备好材料和工具

查看菜谱，装备好所需的材料和工具，如此制作时方可从容不迫。

称量材料

制作点心时准确地称量材料十分重要。将材料分类进行称量。

做好事前准备

切割材料、撒粉、使冷藏的食材恢复室温、在模具上铺上烘焙纸、给烤箱进行预热等。在混合搅拌材料前做好准备。

鲜奶油的打发方法

搅拌乳脂肪含量为35%的奶油虽然需要花一些时间，但搅出的口感较为清爽。乳脂肪含量为40%以上的奶油风味和醇香俱佳，但要注意避免打发过度。为保证奶油在打发完成时依然顺滑，打发需在10℃以下的温度中进行，因此制作时使用的工具也需要进行冷却。另外，如果人碗是湿的，奶油也难以起泡。

[做法] 在大碗中放入鲜奶油（200mL）与白砂糖（2大勺），使碗底贴在冰水上。用手动搅拌器在高速模式下进行打发，打发出稠糊后转为低速模式调整硬度。

打发至六分发

奶油在舀起后呈黏稠的线条下落（适合于在蛋糕表面薄薄涂一层）。

打发至八分发

奶油在舀起后粘在前端的部分呈弯曲状（这种硬度的奶油适合用来进行裱花）。

打发至九分发

奶油在舀起后粘在前端的部分呈笔直的直立状。打发过度的奶油会显得干巴巴的，这时可以再一点一点地加一些新奶油来进行稀释。

裱花袋的使用方法

为裱花袋装上裱花嘴，扭转其尖端部分将裱花嘴固定好。将裱花袋竖着放入量杯，把袋子折好，然后用橡胶刮铲舀起奶油塞进裱花袋。

用刮板将裱花袋里的奶油往前端挤，挤好后用一只手拿着裱花袋，另一只手挤出奶油即可。

然后就可以在蛋糕等甜点上用自己喜欢的设计挤出奶油。

巧克力的使用方法

巧克力的种类

从原料可可豆中提取出可可粉和可可脂，再加入糖分等就成了巧克力。巧克力类型多种多样，有可可含量较高的苦巧克力，还有甜巧克力、牛奶巧克力、白巧克力。白巧克力是因为在可可油脂中加入了白砂糖和牛奶而呈白色。市场上销售的板块巧克力中由于添加了其他的油脂，因此做点心时最好还是使用甜点专用巧克力比较合适。

用隔水加热的方式进行熔化

在大碗中装入切碎的巧克力，再用1个比大碗小的锅烧水，待水沸腾后关火，把装有巧克力的大碗放到锅上，这样做是为了避免水蒸汽进入碗中。

回火

这是将巧克力中含有的可可脂进行分解后使其成为稳定细腻的颗粒，这样可以增进其光泽和在口中溶化的口感。另外，还要防止表面出现泛白的粉衣（用于盖浇的巧克力也可以使用点心材料店中未回火的巧克力）。
［方法］用隔水加热的方式加温至50℃后，将大碗贴于冰水上，使温度降低至28℃，然后再放到热水锅上加温至32℃。※调节的温度因巧克力的品种而异。

香草荚的使用方法

将小刀侧平放置，用刀尖切入豆荚中间，然后用手按住切开。

刮取豆荚中的籽，可以将其直接放入卡仕达奶油、布丁以及烤制点心等里面。但如果放太多，黑色颗粒会比较显眼，因此稍微放几颗就好。

豆沙馅的做法

将200g的红小豆洗净，用滤网捞出放进锅里。加入足够的水，盖上锅盖开大火煮。待其沸腾之后把火关小，再煮5分钟，用滤网捞起。清洗一遍后返回锅中，再加入足够的水煮。之后一边往里加水一边将火候控制在小豆在锅里翻腾的程度，煮40分钟左右。

将小豆煮至可以压扁时用滤网捞出，为使红豆保持一定的水分，再将其返回锅中（这时使用料理机进行加工就可以做出细腻的粗豆沙，再往里加水并用滤网磨成泥就成了细豆沙），往里加白砂糖（150g左右）。

用刮铲搅拌熬制，待能看到锅底后往里加一把盐，当用刮铲舀起豆沙后会一团一团地往下落时关火。注意避免豆沙馅的飞溅造成烫伤。

一点一点地放到方盘上进行冷却，放到密闭袋中冷冻可保存3周左右。

第三章
小巧的日式甜点

用日式料理的甜点配以悠闲畅谈的下午茶时光。可轻松做出的日式点心，
当作礼物也会受到欢迎的。

迷你大福

成品大小
直径3cm、高2.5cm

放置于
密闭容器中，
常温下可保存
1天

具有软糯口感的糯米团也可以用微波炉轻松做出。它的尺寸较
小、大小适中，可搭配不同的馅料享受多样的滋味。

材料（大约可以做12个）

糯米粉·······················100g
水···························150mL
白砂糖·························40g
淀粉···························适量
细豆沙（市场上销售的）···········200g

温馨
小贴士

将面团分2次加热可以使其变得更加平
滑。用（豆沙）馅料包裹住较小的草莓
就成了"草莓大福"。将切碎的核桃拌
入面团，再撒上太白粉并拉伸，将其切
成可一口吃下的大小，"核桃饼"就做
成了。

拓展食谱

水果年糕

材料（比较容易制作的量）

树莓··························3个
12等分的面团··················3个
太白粉························适量

制作步骤

将树莓（也可使用橘子等喜欢的水果）切碎，拌
入准备好的面团中，将其揉圆成可一口吃下的大
小，然后再撒满太白粉。

制作步骤

1

在耐热的大碗里加入糯米粉、
水、白砂糖，搅拌至看不到糯
米粉的颗粒。盖上保鲜膜，放
到微波炉中加热1分30秒，然
后用刮铲搅拌。再次加热1分
30秒，搅拌成细腻的糕状。

2

倒入表面撒满淀粉的方盘中摊
开，使其厚度保持在1cm，然
后用撒满淀粉的刮板（或者切
刀）切成12等份。

3

在手上满满撒一层淀粉，摊开
成一个小面团，并在上面加上
12等分的揉圆的细豆沙。将
面团的两端捏合在一起，整体
搓成圆形。将捏合的一面朝下，
放到1个小的纸质容器中。

御手洗丸子

 成品大小
2.5cm×7.5cm

用保鲜膜包
好，冷藏下可
保存1天

自古以来就很受日本人喜爱的日式甜点——御手洗丸子。即使不用竹扦来串，放到小盘子里也很可爱。

材料（可做8串）

上新粉······················ 100g
水·························· 50mL

御手洗馅料

白砂糖·············	4 大勺
酱油···············	1 大勺
甜料酒·············	½ 大勺
淀粉···············	2 小勺
水·················	100mL

温馨
小贴士

用上新粉做的丸子，底料面团具有结实而软糯的口感，趁热时揉捏可使其更有弹力。可以涂上豆沙或酱油调味后再烤，也可包上紫菜成为紫菜御手洗丸子。

制作步骤

1 在耐热的大碗里放入上新粉和水。包上保鲜膜，在微波炉中加热2分钟，并用刮铲搅拌。然后再加热1分30秒，搅拌均匀。

2 将步骤1的材料放到烘焙纸上，重复摊开再叠起的操作，以使面团产生弹性。将面团揉成直径为2.5cm的棒状，平均切成24等份，并用沾湿手搓圆，在沾湿的竹签的手持部分卷上铝箔，每串穿上3个丸子。

3 加热烤架，然后把丸子放上去烤，并烤出烧痕（也可用面包机来烤）。

4 将御手洗馅料倒入锅中混合后开火，煮至稠糊状后浇到放置于盘子中的步骤3的丸子上。

红薯茶巾绞

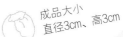

成品大小
直径3cm、高3cm

放置于密闭
容器中，冷藏
下可保存
1天

用保鲜膜用力拧绞就可以轻松做出具有棉软甜味的红薯金团，推荐用于新年料理。

材料（可做12个）

■ 红薯馅料

红薯……………………… 100g

A

| 白砂糖………………… 2大勺
| 糖浆…………………… 1大勺
| 盐……………………… 少许

■ 紫薯馅料

紫薯……………………… 100g

A

| 与红薯馅料相同

核桃……………………… 6颗

制作步骤

1 将红薯切成稍厚的圆片，去皮，用水洗去异味。然后放到蒸锅里蒸或盖上保鲜膜放到微波炉中加热至变软，并趁热磨成泥。

2 将步骤1的材料装入大碗中，加入材料A混合搅拌，用微波炉加热40秒左右（或者放入小锅中稍微过一下火）。

※ 如果硬可加入少量的水，磨成富有光泽的豆沙状。烹制紫薯时与步骤1、2相同。

3 将步骤2的材料各自分成12等份，用保鲜膜将2种颜色混合包到一起，将形状揉成圆形，并把其中一头稍作扭转。把保鲜膜揭下，放上切成一半的核桃。

温馨小贴士

如果没有紫薯，也可以用少量的水溶解少量的紫色食用色素粉掺入红薯，还可以用同样的方式把抹茶溶于水中，再掺入红薯做成抹茶红薯馅料。顶饰可以用甘露煮栗、干果、草莓，这样会更加鲜艳。

迷你铜锣烧

成品大小
直径5cm、高3cm

可以用平底锅轻松做出的简单日式点心，迷你的尺寸不仅外形可爱，并且食用也很方便。搭配不同的夹心也很有趣。温润的面团放到第二天依然很美味，推荐用作礼物。

放置于密闭容器中，常温下可保存2天

材料（可做12个）

低筋粉·································· 70g
小苏打·································· ⅛小勺
鸡蛋····································· 1个
白砂糖·································· 50g
蜂蜜、甜料酒······················· 各½大勺
水······································· 1½大勺
色拉油·································· 适量
粗豆沙····················· 120g（参见46页）
甜栗····································· 6颗
干杏····································· 4个

制作步骤

1 打1个鸡蛋，用打蛋器搅拌均匀，加入白砂糖、蜂蜜、甜酒、水后充分搅拌。加入低筋粉和小苏打的混合粉，搅拌至没有面疙瘩。包上保鲜膜，将面团放30分钟左右。

2

在加热过的平底锅上薄薄地涂一层色拉油，用大勺舀起面团放入锅中，摊开成圆形，用小火煎。待饼身表面出现很多小孔时，将饼翻面再粗略地煎一会儿，取出。其余的面团都用同样的方式煎烤（总共24片）。

3 往步骤2的1块煎饼上放上搓圆的粗豆沙、切成一半的甜栗以及切成3等份的干杏。然后盖上另外1块煎饼，轻轻按压，使其融合一体。

温馨
小贴士

在底料中掺入小苏打后可以煎出漂亮的褐色，如果没有小苏打，也可以加¼小勺的泡打粉，这样混合之后稍微放置一会儿，其质感会更加细腻。如果在馅料中加入打发奶油就成了"鲜铜锣烧"。

拓展食谱

华夫饼式的铜锣烧

在1块煎饼上加上豆沙、打发奶油和奶油奶酪各1小勺，然后把煎饼半折，用切成细长条的蜡纸卷住上部并打结固定。

豆浆蒸面包

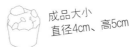

成品大小
直径4cm、高5cm

置于密闭容器
中，冷藏下可
保存3天

这是不使用鸡蛋、乳制品的蒸面包，具有朴素而柔和的风味。可以选择不同的底料混合，还可以搭配不同的顶饰。

材料（可做迷你松饼形的6个）

豆浆（成分未调整的）···············100g
蔗糖···················40g
色拉油···················10mL
盐···················1把
低筋粉···················120g
泡打粉···················1小勺
甜纳豆···················适量

制作步骤

1 在大碗中加入豆浆、蔗糖、色拉油、盐后混合，用打蛋器搅拌至松软状。用滤网将低筋粉和泡打粉撒入当中，并搅拌至没有面疙瘩。

2 用勺子舀起面糊底料倒入纸质的玛芬模具中，并用其他的勺子把残留的面糊刮进模具，倒入的面糊量占模具总体的70%，放上甜纳豆。

3 摆放到有蒸汽冒出的蒸锅中，用大火蒸10分钟左右。

温馨
小贴士

豆浆有乳化作用，充分搅拌至松软状且体积增加后蒸出来更美味。可以在上面涂上果酱或放上葡萄干，还可以加2大勺的南瓜泥。

拓展食谱

甜栗抹茶蒸面包

材料（放到10cm左右方形食品容器的1个）

豆浆蒸面包···················同量
抹茶粉···················2小勺
甜栗···················3个

制作步骤

在低筋粉里加入抹茶粉做出同样的面团，放入铺有烘焙纸的容器中。放上用手掰开的甜栗，用同样的方法蒸（根据具体情况可适当延长时间，直至面包得到充分加热）。

海青菜与芝麻饼干

用简单的材料就可轻松做出，享受清爽酥脆的嚼头以及海青菜和芝麻的风味。这样的饼干比较耐放，非常适合用于平常的零食和下酒菜。

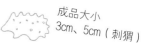
成品大小
3cm、5cm（刺猬）

放置于
密闭容器中，
常温下可保存
5 天

材料（可做50块）

低筋粉·······················100g
泡打粉·······················1小勺
白砂糖······················· 10g
盐···························· ¼小勺
色拉油、水·················各30mL
海青菜、炒白芝麻··········各1大勺

制作步骤

1 在大碗里加低筋粉和泡打粉，用滤网撒入白砂糖、盐。加入色拉油，并用刮板（或者用手）研磨搅拌至整体融为一体且有点干巴巴的状态。然后加入水、海青菜、白芝麻，搅拌混合至整体揉成一块。

2 用剪刀剪开保鲜袋，夹住面团，然后用擀面杖擀成厚度3mm左右。用切刀将其切成棒状或者四角形（或用模具切出形状）。摆放到铺有烘焙纸的面板上。

3 放入烤箱，用170℃的温度烤15分钟左右。

温馨
小贴士

在加水之前加油可以使面粉和油充分融合，产生酥脆的口感。由于面团会收缩且吸收性强，需要将其薄薄地擀压开。也可以加入芝士粉和黑芝麻。另外，如果用番茄汁代替水就可以做出番茄咸饼干。

56

米粉与黄豆粉饼干

在米粉中掺入黄豆粉、淀粉后做出酥脆清爽的口感。
它是一道大家都喜欢的日式饼干。

成品大小
2.5cm块状（四角形）

置于密闭容器中，常温下可保存5天

材料（可做50块）

米粉	40g
淀粉	20g
黄豆粉	10g
泡打粉	½ 小勺
盐	少许
色拉油	20mL
枫糖浆	30mL

制作步骤

1 在大碗里加入米粉、淀粉、黄豆粉、泡打粉、盐，用打蛋器充分搅拌。加入色拉油，用刮板（或者用手）研磨搅拌，直至看不到白色粉末、整体融合。加入枫糖浆，将整体揉成1块。

2 用剪刀剪开保鲜袋，夹住面团，然后用擀面杖擀成厚度3mm左右。用切刀切成2cm左右的四角形块状（或者用小的模具切出形状）。用叉子插孔，摆放到铺有烘焙纸的面板上。

3 放入烤箱，用160℃的温度烤15分钟左右。

温馨小贴士

如果用米粉代替面粉来做饼干，质地会变得很硬，根本咬不动，因此需要掺入淀粉和黄豆粉（或者杏仁粉）来做出清脆的口感。如果没有枫糖浆，可以在锅中放入等量的蔗糖和水，开火煮至黏糊后就成了同样的糖浆了。

锦玉

成品大小
2.5cm × 2.5cm（花）

置于密闭容器
中，冷藏下可
保存3天

锦玉是用甜的琼脂液做出的日式胶状点心。可以根据个人喜好
上色，模切出形状后摆放到盘子里，外观精致，非常适合用作
招待客人。

材料（可做20个）

水…………………………… 150mL
琼脂粉………………………… 1小勺（2g）
白砂糖…………………………… 15g
糖浆…………………………… 15mL
柠檬汁………………………… ½小勺
食用色素（红、黄、蓝）……… 各少许

制作步骤

1　在小锅中倒入水和琼脂粉，开至中火，边搅拌边煮。温度上升一定程度后加入白砂糖和糖浆，待其安静地沸腾30秒左右后关火，混入柠檬汁。

2　在4个小的保存容器中（7cm的方形密闭食品容器）倒入部分步骤1材料，使其在容器中高度达到1cm即可。然后微微加一点食用色素（粉末的话用少量的水溶开）上色（绿色由黄色和蓝色混合而成）。

3　待其稳定凝固后用模具切出形状或者用切刀切成四角形。

温馨小贴士

将琼脂粉进行充分搅拌后过一下火，材料会溶化得比较干净，而且不会起面疙瘩。由于在常温下会凝固，因此需要将其快速地倒入模具。还可以使用刨冰糖浆（占¼量的液体和½勺糖浆）以及颜色鲜艳的果汁代替水进行制作。

柠檬汽水糖果

成品大小
直径1.2cm、高0.8cm

放置于
密闭容器中,
常温下可保存
5天

入口即化的柠檬汽水糖果,享受制作这款曾经令人怀念
的点心的过程吧。

材料（可做45颗）

绵白糖······························ 60g
玉米淀粉····························5g
柠檬酸······························ ¼小勺
小苏打······························ ½小勺
水································· 1小勺

※ 使用食用色素粉时再稍微多加一点点水。

制作步骤

1 在大碗中加入绵白糖和玉米淀粉。加入柠檬酸和水,使整体
溶于水且成为干巴巴的状态后加入小苏打。

2 将其3等分,用保鲜膜包好,延伸成直径为1.5cm左右的圆柱
形。用力按压,使其凝固且调整形状。用切刀将其厚度切为
1cm左右,用指尖调整形状,然后放到烘焙纸上。

3 使其干燥半天,直至硬度达到用手指抓也不会散的程度即可。

温馨
小贴士

柠檬酸、小苏打可从点心材料店购买。为保持小苏打的溶化口感,要在最后才放入小苏打。可
以切小的玻璃纸包裹糖果,也可以放入小的透明袋子中,用绳子和胶布封口,还可以加上其
他的艺术包装。

材料（可做30块）

香脆米（小粒）‧‧‧‧‧‧‧‧‧‧ 1 杯（40g）
花生（去皮，未加盐）‧‧‧‧‧‧‧‧ 50g
A

| 蔗糖 ‧‧‧‧‧‧‧‧‧‧‧‧‧‧‧‧‧‧‧ 5 大勺 |
| 糖浆 ‧‧‧‧‧‧‧‧‧‧‧‧‧‧‧‧‧‧‧ 1 大勺 |
| 水 ‧‧‧‧‧‧‧‧‧‧‧‧‧‧‧‧‧‧‧‧‧ 3 大勺 |
| 酱油 ‧‧‧‧‧‧‧‧‧‧‧‧‧‧‧‧‧‧ ⅛ 小勺 |

制作步骤

1 将材料A放到平底锅混合，开中火加热。边熬边用刮铲搅拌，直至大的气泡变小、颜色变成褐色、舀起后呈线状往下滴时关火，加入香脆米和花生，使其快速地沾满锅中的液体。

2 将烘焙纸展开成四角形，在上面再铺上一层纸，放上方盘等按压固定。将步骤1中的混合物摊平为厚度1cm的一层，切成长3cm的方块。

3 放入烤箱，用170℃的温度烤10分钟左右。

温馨
小贴士

可以将米花糖底料切分后再烤，这样糖不会发黏，并且会变得更加香脆。也可以用黑糖粉末代替白砂糖，还可以选择放入自己喜爱的坚果。如果用作礼物，可以一个一个地用蜡纸包好。

※香脆米是使大米爆开后得到的，可从点心材料店购买。

米花糖

成品大小
3cm大小的块状

用糖固定住加工过的谷物做成的"米花糖"可谓是日本最古老的点心。它的名字在日本有多种叫法，比如"兴家""出名"。推荐用作吉祥的礼物。

摆放到烘焙纸上，放置于密闭容器中，常温下可保存3天

黄豆粉洲滨

成品大小
直径2cm、厚度1cm

将食材混合后即可轻松做出，并且耐放，推荐用作零食或者礼物。不仅可以与茶搭配，与咖啡搭配也很适合。

放置于密闭容器中，常温下可保存3天

材料（可做20个）

黄豆粉·················· 35g
蜂蜜··················35mL
白砂糖·················· 20g
盐·················· 少许

制作步骤

1　将所有的材料放入大碗中混合搅拌。

2　将其3等分，搓成直径为2cm的棒状，用切刀按1cm左右的厚度切分，调整形状。

3　在表面薄薄地撒满一层黄豆粉（食谱分量之外）。

温馨
小贴士

我们把用糖浆等来固定黄豆粉的点心称作"洲滨"，由于其形状与拥有错综复杂的沙洲的海滨相似而得名。也可以把18g糖浆（1大勺）和1大勺水放入微波炉，加温熔化后代替蜂蜜。

包装礼物时的 包装点子

将做好的点心用身边现有的材料进行包装。重要的是在拿取时保持其形状完整，更要保持点心的美味。

塑料盒、纸盒、罐头

可从点心材料店以及文具店、杂货店等购买。材质和尺寸各种各样，可以多准备一些漂亮的空盒。

塑料杯、纸杯

可以使用用于装饮品的迷你纸杯以及玛芬模型。将小的点心放入其中，不仅拿取方便，外观也很美观。

透明袋

可以往里面装入小的点心，然后用封条或丝带来扎口。容易散开的、发黏的先放到衬纸或装入纸盒再装袋，玻璃纸也很好用。

纸袋

将点心放到小的信封或纸袋中会给人带来一种天然的印象。放到里面的点心可以先用玻璃纸包好，以避免点心的油粘到纸袋上。

纸盒

从纸杯模型到用来装松露的容器，市面上有各种大小和花纹的纸盒。可以用作模型，也可以用作传统日式点心以及泡芙等的垫纸。

蜡纸

已被加工处理成不吸油的材料，可以用来包甜甜圈和焦糖等。蜡纸也有各种各样的颜色和花纹，可以将点心包好后扭转袋口或者用胶布来封口。

蕾丝纸

用作盒子的垫纸，或者盖在外袋上，用丝带捆在一起，使其变得更可爱。大小形状各异。

丝带、绳子、胶布

有多种宽度、材质、颜色。细的丝带用于捆在袋内，粗的则盖在盒子上显得比较豪华。遮蔽纸带也有很多种花纹，用它来封口比较简单。

贴纸

不仅可以用来固定口袋与盒子，还可以装饰在丝带的末端。有带有季节感花纹的，也有带有信息的，各种各样。

干燥剂

用于饼干等需防潮的点心。将其与小袋的干燥剂放在一起再封口，可以保持点心的风味。可从点心材料店购买。

包装实例

如果放入盒子，需在下方铺上纸，诀窍在于把纸盒塞到没有空隙。将蛋糕和饼干放到一起时，由于饼干会受潮，因此需要将蛋糕装入袋子。

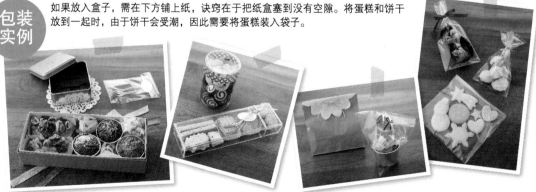

第四章
小巧的清凉甜点

可以用清凉的果冻和果子露等点心来招待客人，
用小容器可以多做一些。

芒果与酸奶果冻

成品大小
直径6cm、
高4.5cm

如果不做
顶饰且用保鲜膜
包好，冷藏下
可保存2天

在玻璃容器中分层装入2种不同的果冻，充分享受味道的变化以及色彩的美感。最后用水果和香草装饰，使外观更加鲜艳。

材料（可做6~8个）

芒果（泥）……………………… 150mL
A
| 水………………………………… 5大勺
| 明胶粉 ……………………… 1小勺（2.5g）
| 白砂糖…………………………… 2大勺
柠檬汁……………………………… ½ 小勺
普通酸奶…………………………… 150mL
B
| 水………………………………… 5大勺
| 明胶粉 ……………………… 1小勺（2.5g）
| 白砂糖…………………………… 2大勺
巨峰葡萄、蜜瓜、香叶芹……… 各适量

制作步骤

1 将材料B置于耐热容器中混合，浸泡5分钟左右。放到微波炉中加热40秒，使其熔化，再加入酸奶。

*需要注意明胶液沸腾后会变得难以凝固。

2 倒入小的玻璃容器中，至容器一半的量即可。摆放到方盘上后放入冰箱冷藏1个小时，使其凝固。

3

在冷却步骤2中的材料的同时，将步骤1中的材料用同样的方式溶解，加入芒果泥和柠檬汁混合，溶化后盖到步骤2的上面，放入冰箱冷却1小时，用切好的水果和香草装饰。

温馨
小贴士

由于不必切分，可以稍微控制明胶的使用量，做成较软的果冻。为了避免上下2层混在一起，需要等下面一层冷却凝固后再加入上面的一层。芒果泥可以用芒果罐头或把熟透的芒果磨碎成泥，也可以使用市场上销售的芒果泥或高浓度果汁，甚至还可以用草莓等当季的水果以同样的方式加工。

葡萄柚果冻

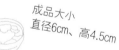 成品大小
直径6cm、高4.5cm

包上保鲜膜
冷藏下可保存
2天左右

这道果冻小零食可以让您充分享受葡萄柚的清新滋味。也可以用橙子等其他的柑橘类。

材料（可做6~8份）

葡萄柚（白色、红宝石色）…………… 各1个（当中含有果汁250mL）

A
| 水……………………………………………………… 4大勺
| 白砂糖………………………………………………… 4大勺
| 明胶粉………………………………………………… 2小勺（5g）

温馨
小贴士

可以只选用一种颜色的葡萄柚，还可以用1个葡萄柚的果肉加市场上销售的纯度为100%的果汁来代替。将明胶液冷却至稍显黏稠的程度装盘的话，水果配料的颜色就不会变，可以漂亮、干净地凝固。

制作步骤

1 在耐热容器中将材料A混合后浸泡5分钟。然后放到微波炉中加热40秒，使其熔化。

2 将步骤1的材料倒入装有果汁的大碗里混合，将大碗贴着另一个装有冰水的大碗搅拌，直至成稠糊，然后装到玻璃杯里，将去皮的被分成一半的葡萄柚果肉放入其中，放入冰箱1小时左右，使其冷却固定。

果酱奶酪蛋糕

成品大小
直径6cm、高4.5cm

如果不放果
酱，只用保鲜膜
包好，冷藏下可
保存2天

这是一道只需将材料混合搅拌后放入小的容器中冷却凝固就可做好的奶酪点心。由于没有使用鲜奶油，所以饭后也可以再吃。

材料（可做6~8个）

奶油奶酪……………………………	100g
牛奶……………………………………	200mL
白砂糖………………………………	4大勺
A	
水 ……………………………………	2大勺
琼脂粉 ……………………………	2小勺（5g）
柠檬汁………………………………	1大勺
自己喜欢的果酱（蓝莓、草莓等）、薄荷
……………………………………………	各适量

制作步骤

1 在耐热容器中混合搅拌材料A，然后浸泡5分钟左右。

2 用微波炉加热牛奶50秒左右，然后加入步骤1的材料和白砂糖，熔化。

3 将奶油奶酪放入耐热的大碗中，用微波炉加热20秒，使其软化，用打蛋器搅拌至没有面疙瘩，然后一点一点地加入步骤2中混合搅拌。加入柠檬汁，放入容器，再放入冰箱冷却。

4 加上用少量的水稀释过的果酱，饰以薄荷。

蓝莓小贴士

小容器或塑料小杯子用起来很方便。可以提前做好，来客时取出招待。冷却1天后奶酪会更入味，蛋糕也更美味。顶饰可以使用切成小块的水果。

卡仕达布丁

成品大小
直径5cm、高3cm

使用简单的材料即可制成，相信您会被它手工制作的独有风味以及可爱的样子所迷惑的。使用烤箱进行蒸烤就可避免失败，烤出细腻的卡仕达布丁。

将其放入模具后盖上保鲜膜，冷藏下可保存2天

材料（可做6~8个）

鸡蛋·······································2个
蛋黄·······································1个
牛奶······································ 350mL
白砂糖····································· 50g
香草油····································· 少许

焦糖酱
白砂糖···································· 50g
热水·······································1½ 大勺
打发奶油、木莓························· 各适量

制作步骤

1 将白砂糖放入锅中，加入半勺热水，开中火煮，一边摇晃一边煮至褐色。关火加入1大勺热水，用勺子将其舀入布丁杯（由于温度较高，所以需要避免烫伤）。

2 往牛奶中加入一半的白砂糖，在小锅里加热至快沸腾。

3 在其他大碗里加入鸡蛋、蛋黄、剩下的白砂糖后混合搅拌，把步骤2中的牛奶一点一点地加进去，加入香草油，用滤网过滤。然后倒入步骤1的材料中。

4 在较深的方盘里摆放步骤3的材料，热水加至一半的高度。包上铝箔后放入烤箱，用160℃的温度蒸烤30分钟左右（只要表面固定就可以）。待稍微冷却后放到冰箱里冷藏。

5 将充分冷却过的步骤4的材料放到盘子上，根据个人喜好饰以打发奶油、水果。

温馨小贴士

如果将装入杯子的焦糖酱放入冰箱中冷却，固定后再倒入布丁液，它们就不会混合，完成后的外观也会很美观。加入¼根的香草籽会焕发出更香的香味。容器除了用金属、耐热玻璃做的布丁杯外，还可以用四角形的容器。在装盘时用手指轻轻按压布丁的周围将其从模具上取下，然后再浇到盘子上，将模具和盘子在固定的状态下翻面，摇动幅度大一些，从模具上干净地取下。

葡萄琼脂果冻

成品大小
直径6cm、高4.5cm

盖上保鲜膜,
冷藏下可保存
2天

使用鲜葡萄制作的透明果冻和用葡萄汁制作的紫色果冻,将二者分上下两层重叠在一起摆放的精致甜点。做出细腻口感的诀窍是控制琼脂的使用量,避免果冻浓度过高。

材料(可做6~8份)

A
| 葡萄汁(100%果汁)············200mL
| 琼脂粉···············½小勺(1g)
| 白砂糖··················½大勺
B
| 葡萄(特拉华葡萄)·············1串
| 水·····················180mL
| 琼脂粉···············½小勺(1g)
| 白砂糖···················2大勺
| 柠檬汁··················½小勺

制作步骤

1 (A)在锅里倒入一半的葡萄汁,与琼脂粉、白砂糖混合搅拌,煮至沸腾。关火,加入剩下的葡萄汁,加到杯子高度一半的位置即可,摆放到方盘上,放入冰箱冷藏30分钟左右,使其固定。

2 (B)在锅里加入水、琼脂粉、白砂糖后混合搅拌,开火煮至快沸腾。然后将其移到大碗里,待温度下降一些后加入柠檬汁和去皮的葡萄,混合。

3 将步骤2的材料放到步骤1的材料上,放到冰箱里冷却固定。

拓展食谱

❶ 葡萄果子露

将上文中的琼脂果冻(完成品,A和B任意一款都可以)倒入密闭食物容器中。盖上盖子,放入冰箱。将冰冻过的容器在室温下解冻(10分钟左右),用叉子等混合搅拌(在冷冻的状态下切小块,再放入料理机搅拌,口感更加细腻)。

❷ 水果果冻

将自己喜欢的水果(也可以用水果罐头)切成方便食用的大小后放入玻璃杯,倒入材料B中的琼脂液,放入冰箱冷藏凝固。

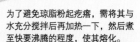

温馨小贴士

为了避免琼脂粉起疙瘩,需将其与水充分搅拌后再加热一下,然后煮至快要沸腾的程度,使其熔化。

果汁使用一半,留出一半到后面再加入混合,这样既可以保持香味,又可以缩短冷却凝固的时间。鲜果应该等煮好琼脂且温度下降后再往里加,加入少量柠檬汁可以增进风味,还可以防止变色。

菠萝果子露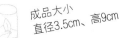

成品大小
直径3.5cm、高9cm

可用于餐后清口。将清爽的果子露一点一点地装到玻璃杯等容器中，肯定会很受欢迎。可以事先做准备，制作会比较方便。

放置于密闭
容器中，冷冻
可保存1~2周

材料（可做6~8人份）

菠萝汁（100%）·····················250mL
琼脂粉·····································½小勺
白砂糖·····································2大勺
薄荷叶（如果有的话）················适量

> **温馨小贴士**
>
> 通过使用琼脂来增加稠度，使果子露也具有松软的口感。放入冰箱冷却后可以制成果冻，果汁也可以根据个人喜好来搭配。将冻住的食物切小块，放到料理机中搅拌，做好的成品会变得更加细腻。将混合过的材料再次冷冻起来，吃时只需混合即可。

制作步骤

1 在锅里加入一半菠萝汁，与琼脂粉、白砂糖混合搅拌，煮至沸腾。加入剩下的菠萝汁，放入密闭食物容器中冷却，盖上盖子，放入冰箱，使其完成冷却凝固。

2 将冰冻过的步骤1材料放置于常温下15分钟，解冻后用叉子挑散。根据个人喜好还可以加入撕碎的薄荷叶。

3 装入在冰箱冷冻库中冷却后的小玻璃杯中，再饰以薄荷叶。

咖啡果子露

成品大小
4cm × 7cm

放置于密闭
容器中,冷冻下
可保存1~2周

做成咖啡果冻或咖啡果子露都很美味,和香草冰淇淋混合后就成了牛奶咖啡风味的果冻或果子露。

材料(可做6~8人份)

水·····················250mL
琼脂粉·············½小勺(1g)
白砂糖·················3大勺
速溶咖啡···············1½大勺
香草冰淇淋···············适量

制作步骤

1 在锅里放入水、琼脂粉、白砂糖后混合搅拌,开火煮至沸腾,关火,加入速溶咖啡,然后用与制作菠萝果子露同样的方式进行冷冻。

2 放置于常温下15分钟,解冻后用叉子挑散。

3 装入容器,加入用勺子搓圆的香草冰淇淋。

温馨小贴士

由于咖啡在冷冻后香味和味道会变淡,因此需要把咖啡调制得更浓一些。当然,可以根据个人喜好来调整浓淡。

豆腐白玉丸子
水果宾治

成品大小
直径6cm、高4.5cm

只把白玉圆子
摆放到平盘并
撒上粉，冷藏
下可保存1天

用豆腐代替水拌出的白玉丸子具有更加松软的口感。把丸子搓小搓圆，使外观看上去更可爱，食用也方便，然后再加上自己喜欢的水果就完成了。

材料（可做6~8人份）

糯米粉	100g
南豆腐	160g

糖浆

水	100mL
白砂糖	3大勺
柠檬汁	2小勺

自己喜欢的水果（西瓜、蜜瓜等）、汽水
....各适量

制作步骤

1　往小锅里混入糖浆的原料，煮至沸腾后关火。

2　在大碗里加入米粉、南豆腐，搅拌至没有疙瘩且硬度与耳垂相当（太硬的话可以稍微再加些水）。分割成拇指大小的小块，搓圆。

3　在步骤2的材料中加入沸腾的热水，丸子浮起后捞出，浸入冷水冷却。

4　将切成方便食用的水果和步骤3的材料放入小杯子等容器中，浇入步骤1的糖浆和汽水。

拓展食谱

往加了豆腐的白玉丸子中放入粗豆沙和橘子（罐头），也可以浇上红糖水和黄豆粉。

温馨小贴士

也可以用北豆腐来代替南豆腐，稍硬一点的可以加一些水。把丸子搓小搓圆，使其熟得更快。如果丸子稍大，在它浮起之后需等30秒再捞，并且捞起后需要马上进行冷却，否则丸子和丸子会黏在一起。

材料（可做6~8份）

细豆沙（市场上销售的）…100g
A
┌ 水························200mL
│ 白砂糖··················· 2大勺
└ 琼脂粉·········· 1小勺（2g）
淀粉······················½小勺
水························ 50mL
盐·························少许

制作步骤

1 在锅里放入材料A后混合搅拌，煮至沸腾熔化，将细豆沙与盐混合。把淀粉加入定量的水中混合搅拌，开火煮至沸腾。

2 将步骤1的锅放到1个装满水的大碗上降温，熔化后倒入小的塑料杯中。

3 放置于常温下，凝固后放入冰箱冷却。

琼脂和淀粉同时使用的话可以做出温润的口感。如果不切分，可以只用一半的琼脂，使其变得更柔软。琼脂与明胶不同，即使温度升高也不会熔化，因此可以用带盖子的杯子，把做好的羊羹装入其中，可以用作夏季的礼物。

包上保鲜膜
后冷藏可保存
3天

羊羹

成品大小
5cm、高4cm

使用市场上销售的细豆沙就可轻松做出的日式甜点。将底料切分后再放到小盘子上，这样会比较美观。在制作时控制了甜度，可轻松享用。

第五章
串烧与小食品

我们收集了许多可以使派对更加活跃的一口大小的食物。
它们可以把餐桌装点得更华丽，更能促进食欲。

串烧

串烧是把自己喜欢的配菜放到切成小块的面包上的零食，是西班牙酒吧中必有的小吃。通过组合不同的底料和顶料可以扩展多样性。

材料（约可做4人份）

法式长棍…………………… ½根（薄片16片）
橄榄油……………………………………… 适量
A
　马苏里拉奶酪……………………………… ½个
　番茄…………………………………………… ½个
　罗勒……………………………………………… 4片
　盐与胡椒………………………………… 各少许
B
　土豆…………………………………………… ½个
　牛奶………………………………………… 1大勺
　法式芥末………………………………… ¼小勺
　盐、胡椒………………………………… 各少许
　熏咸鲑鱼薄片………………………………… 4片
　红洋葱………………………………………… 适量
　盐、胡椒粒……………………………… 各少量
C
　金枪鱼罐头……………………………… 2大勺
　蛋黄酱…………………………………… 1大勺
　水煮鹌鹑蛋、黑橄榄（去掉种子）
　…………………………………………… 各2个
D
　生火腿薄片…………………………………… 4片
　青橄榄（去掉种子）………………………… 4个

制作步骤

1
将切成薄片的法式长棍轻微烤一下（在材料A上放上切片奶酪）。

2
将配菜放到上面，用竹扦穿好，然后整体浇上橄榄油。

（A）
在稍稍烤过的法式长棍薄片上放上奶酪，将番茄切成半圆片，撒上盐、胡椒，加上罗勒。

（B）
将煮熟的土豆压碎，加入牛奶、芥末、盐、胡椒，混合搅拌后放到法式长棍薄片上，加上熏咸鲑鱼，再放上切碎的加了一点点盐的红洋葱，将胡椒粒用手指捏碎再撒到上面。

（C）
将去除多余汁水的金枪鱼与蛋黄酱混合搅拌后放到法式长棍薄片上，再放上切成一半的鹌鹑蛋和黑橄榄。

（D）
将生火腿放到法式长棍薄片上，放上青橄榄。

温馨小贴士

使用奶酪、火腿、橄榄等无需加工的材料，再加上蔬菜和香草等，使外观更华丽，更能突出味道的重点。味道较淡的撒上盐和胡椒，整体浇上橄榄油即可。

五香熏牛肉三明治

在咖啡厅等地方很受欢迎的三明治，制作简单，造型美观，味道也不错。将面包、火腿、蔬菜等按照个人喜好进行组合可以为三明治扩展出无限的多样性。

材料（可做8份）

主食面包（切成8份）…………	2片
五香熏牛肉…………………	40g
芝麻菜……………………	1棵
红洋葱……………………	⅛个
A	
芥末粒、橄榄油…………	各1小勺
蜂蜜……………………	½小勺
盐、胡椒………………	各少许

制作步骤

1 将面包稍稍烤一下，在其中一面上涂上混合过的材料A。

2 将芝麻菜切成方便食用的大小，与切丝的红洋葱和五香熏牛肉叠在一起，放到面包上再夹好。

3 将其切成8等份，用牙签穿好。

温馨
小贴士

五香熏肉是将用香辣调味料调味过的肉熏制而成的。芥末粒与以蜂蜜为基础的酱汁很搭，也可以使用蛋黄酱。还可以加入切碎后加盐的洋葱和西式泡菜。

材料（约可做6份）

自己喜欢的面包……………… 40g
灰树花…………………… ½包
西蓝花…………………3小朵
培根片……………………1片
咖喱油面酱………………… 30g
水…………………… 200mL
牛奶……………………50mL
做比萨的奶酪………………… 适量

制作步骤

1 在小容器中放入切成一口大小的面包，放上掰散的灰树花和西蓝花以及切细的培根。

2 在锅里加入水和切碎的咖喱油面酱，煮至出现稠糊后再加牛奶。然后浇到步骤1的容器中，再放上奶酪。

3 放入烤箱烤15分钟，直至食物表面淡淡地着色（也可以用烤面包机烤）。

温馨小贴士

面包在烤制时会往下沉，因此装盘时应把容器装满。也可以用同样的方法根据个人喜好选择配菜和酱汁，做出通心粉奶酪烤菜和多利亚饭。

咖喱酱面包奶酪烤菜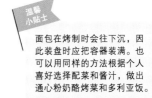

温热的食物分成小份制作会更便于盛取，可以预先装好盘，在吃之前烤一下就可以热热乎乎地享用了。

里卷寿司

将紫菜与米饭相对放置，加入自己喜欢的配菜后制作而成的里卷寿司，因其外观鲜艳、食用方便而成为非常受欢迎的派对小吃。

材料（大约可以做15片）

米饭⋯⋯⋯⋯⋯⋯⋯⋯⋯⋯⋯ 300g
寿司醋（市场上销售的）⋯⋯⋯⋯ 2大勺
烤紫菜⋯⋯⋯⋯⋯⋯⋯⋯⋯⋯⋯ 1½ 片
熏咸鲑鱼切片⋯⋯⋯⋯⋯⋯⋯⋯ 6 片
盐渍飞鱼籽⋯⋯⋯⋯⋯⋯⋯⋯⋯ 40g
黄瓜、白萝卜芽、炒白芝麻⋯⋯⋯ 各适量

制作步骤

1 将寿司醋倒入温热的米饭中混合搅拌，然后冷却。

2 将烤紫菜的上下两半翻折切分，将其长边一头切成4cm左右。将黄瓜切成细条，将白萝卜芽切成两半。

3

在保鲜膜上竖向放上一张步骤2中的烤紫菜，上面放上⅓的寿司饭，用蘸湿的指尖将饭铺满整体，撒上芝麻。翻面以使烤紫菜一面朝上。

往靠近自己一端的紫菜上放上黄瓜、白萝卜芽、对折的鲑鱼，浇上蛋黄酱。

整体拿起保鲜膜，把里面的配菜卷一圈后轻轻按压，然后继续用保鲜膜将剩下的部分卷完，把整体搓成圆。

4

用沾湿的切刀切成5等份。剩下的部分加到步骤3中铺开的米饭上，将放了盐渍飞鱼籽的卷成1根，米饭上放了4片鲑鱼、配菜中加了盐渍飞鱼籽的卷成1根，然后将它们切开。

温馨
小贴士

往米饭一面撒上芝麻等配料，做好后的寿司表面会更美观。切刀在每次切割时用微湿的抹布或厨房纸擦拭一下会更好切。配菜还可以选择切成棒状并撒上柠檬汁的鳄梨、金枪鱼生鱼片（切成棒状）、油炸大虾（去尾）等，拓展多样性。

手球寿司（鲷鱼、金枪鱼、三文鱼）

一口大小、形态可爱的手球寿司非常适合用来款待客人，
除了生鱼片，还可以加入黄瓜、鸡蛋等自己喜欢的配菜。

材料（约可做12个）

米饭⋯⋯⋯⋯⋯⋯⋯⋯⋯⋯300g
寿司醋（市场上销售的）⋯⋯ 2大勺
生鱼片（鲷鱼、金枪鱼、三文鱼）⋯
⋯⋯⋯⋯⋯⋯⋯⋯⋯⋯⋯ 各4片
绿紫苏⋯⋯⋯⋯⋯⋯⋯⋯⋯ 适量
※ 还可以搭配酱油和芥末。

制作步骤

1 在温热的米饭中加入寿司醋，然后冷却。

2 在保鲜膜上放上25g左右的寿司饭，扭转其中一端后将其揉圆，然后放到用水沾湿的方盘上面。

3 放上步骤2中的生鱼片，用干净的保鲜膜包裹，轻轻地捏成圆形。

4 将绿紫苏铺到微微沾湿的大盘子里，然后有间隔地摆放上寿司。

温馨小贴士

也可以先用保鲜膜把寿司饭团揉圆，然后再放上寿司主料，这样就能快速做好。除了白色的大盘子之外，还可以使用多层食盒来装，里面可以铺上绿紫苏以及细竹竹叶。

散寿司

可以将平时总是放到大盘子或食盒中分食的散寿司做成一口的大小。

材料（约可做12个）

米饭·······························240g
寿司醋·························· 1½大勺

锦丝蛋条
　鸡蛋······························ ½个
　甜料酒、水·················· 各1小勺
　盐······························· 少许
油······························· 适量
虾（小的）··························· 6条
盐、酒·························· 各少许
荷兰豆···························· 2片

制作步骤

1 往鸡蛋蛋液中加入调味料后混合搅拌，倒入加有油的平底锅中，薄薄地摊开，用小火把两面都煎一下。冷却后切成长2~3cm的细条。

2 去掉荷兰豆的筋和蒂，煮熟后用冷水冷却，斜着切成细条。将虾（去尾）放入装有酒和盐的热水中煮，直至变色，然后用冷水冷却，切成两半。

3 将寿司醋加入温热的米饭中搅拌混合，冷却。用沾湿的切边模具将寿司饭切成一口大小（或者用保鲜膜搓成每个20g的圆饭团）。

4 把步骤1的切丝蛋条压碎后放在步骤3的寿司饭团上，置于盘子里。然后放上步骤2中的虾和荷兰豆。

温馨小贴士

也可以用塑料材质的米饭模具和迷你饭团模具来做，这样可以更加快速地做出一口大小的寿司饭。然后再加入煮过的胡萝卜、香菇、芝麻以及绿紫苏混合。鸡蛋可以使用炒蛋或摊鸡蛋卷，顶饰可以使用盐渍鲑鱼子、蟹肉棒、模具切出的胡萝卜等自己喜欢的食物。

芦笋培根卷

这是一道用培根把配菜卷好后烤制就可完成的简易小菜。此外，还可以加入其他配菜，做出更加华丽、丰富的串烧。

材料（可做8根）

培根切片·································· 8片
青芦笋······························· 4根
迷你小番茄（红、黄）················· 8个
盐、胡椒······························· 少许

芦笋熟得快，因此把培根烤出颜色即可。还可以使用虾夷盘扇贝、杏鲍菇等进行组合，并且可以用切成两半的火腿代替培根。

制作步骤

1 将青芦笋下端⅓的皮用削皮器轻轻地削去，然后切成4等份。

2 将培根切成两半，包裹步骤1中的青芦笋，每片培根包1根青芦笋，在卷完的中间位置插入竹扦，再串上迷你小番茄。

3 将步骤2的材料摆放到加热过的平底锅上，用中火把两面都煎至着色，然后撒上盐与胡椒。

墨西哥卷饼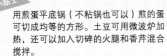

墨西哥卷饼是西班牙酒吧中的必备小吃，是加有土豆的菜肉蛋卷。可以将放入了大量清炸的菜肉蛋卷切分为一口大小。

材料（约可做16块）

鸡蛋·····················3个
土豆·····················1个
洋葱···················· ¼个
牛奶·····················2大勺
盐···················· ½小勺
胡椒···················· 少许
色拉油···················· 适量

温馨
小贴士

用煎蛋平底锅（不粘锅也可以）煎的蛋
可切成均等的方形。土豆可用微波炉加
热，还可以加入切碎的火腿和香芹混合
搅拌。

制作步骤

1 将土豆切成薄的银杏形薄片，在用来煎蛋的平底锅（或者小型平底锅）中倒入1cm左右厚度的油和土豆，开至中火，油炸至稍微变色。然后放到厨房纸上吸掉多余的油。

2 将蛋液搅开，加入牛奶、盐、胡椒后混合搅拌。

3 用中火给去除多余油的平底锅加热，倒入切碎的洋葱翻炒，加入步骤1和步骤2中的材料用力翻炒。炒至半熟后翻面，放到盘子中，然后再返回锅中，用小火煎背面。

4 切成一口大小的小块，装盘并插上牙签。

油煎火腿奶酪卷
配蔬菜条

用饺子皮或馄饨皮包上自己喜欢的配菜，油炸后做出的简易小食，每份都可以加入一些蔬菜条搭配，这样可以给盘子带来立体感，食用也方便。

材料（可做8份）

饺子皮	8 片
烤火腿片	2 片
奶酪片	1 片
油	适量
黄瓜、胡萝卜、黄彩椒、蛋黄酱	
	各适量

温馨小贴士 可以用馄饨皮和4等分的春卷皮取代饺子皮。也可以不卷起来，而是折成两半，这样看起来更大一些。也推荐使用毛豆、去皮的辣鳕鱼子、牛肉罐头做配菜。

制作步骤

1 将火腿与奶酪细切成8等份，然后放到四周都蘸了水的饺子皮上，将两端捏合。

2 在平底锅里倒入5mm左右厚的油，加热，将步骤1的材料放入其中，煎至两面都出现焦黄色。

3 将蛋黄酱放入小的塑料杯中，插入比容器长5mm左右的块状蔬菜。

4 往盘子里放入步骤2与步骤3的材料。

材料（约可做10根）

鸡腿肉·····················1 片（250g）
土豆····························· 1 个
面汤（3 倍浓缩）·········· 1 大勺
咖喱粉、盐、胡椒·········· 各少许
淀粉、色拉油、香叶芹······ 各适量
酱汁
番茄酱 ····················· 1 大勺
蛋黄酱 ····················· 2 大勺

制作步骤

1　将鸡肉去皮，切成可一口吃下的大小（切成15块左右）。将放置于保鲜袋中的面汤和咖喱粉揉进去，静置30分钟左右。

2　土豆切成稍厚的银杏形片（切成15块左右）。将其泡到水里去除异味，然后把水擦干。

3　平底锅中倒入厚1cm左右的色拉油，加热，加入步骤2的材料，用中温油炸至焦黄色，然后放到纸上。在步骤1的鸡肉上撒淀粉，用中温油炸。然后放到纸上，给整体稍微撒一些盐和胡椒。

4　在盘子里制作酱汁，将步骤3的材料交替着（3块1串）用牙签串好，摆放好后再饰以香叶芹。

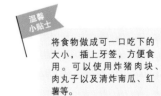

温馨
小贴士

将食物做成可一口吃下的大小，插上牙签，方便食用。可以使用炸猪肉块、肉丸子以及清炸南瓜、红薯等。

迷你炸鸡与薯条

作为传统人气美食的炸鸡块和薯条也可以用牙签串起来做成小吃。推荐用于便当中。

咸豆腐开胃菜

盐渍的豆腐就像奶酪一样。用蔬菜和火腿等进行多彩的装饰，可清爽享用的前菜。

豆腐用保鲜膜包上，冷藏下可保存 2 天

材料（容易制作的27份的量）

北豆腐………………………… 1块（300g）
盐………………………………… 适量
生火腿薄片……………………… 3片
迷你小番茄……………………… 8个
红芜菁、绿紫苏、橄榄油………… 各适量

制作步骤

1 将豆腐竖着切成两半，用沸腾的热水煮1分钟左右，然后用滤网捞出后冷却，避免豆腐散开。

2  将豆腐切成两半后9等分，放到厨房纸上，两面都撒上盐，然后用保鲜膜包好，放入冰箱里2~6个小时。

（放上迷你小番茄）
将9块豆腐对半切开，放到前菜汤勺上，在上面放上切块的迷你小番茄和切丝的绿紫苏，并浇上橄榄油（做18个）。

（放上生火腿）
将剩下的豆腐切成小块，并将每块都放到1个单独的小盘子上，放上撕碎的生火腿和切碎的腌红芜菁，然后浇上橄榄油（做9个）。

温馨小贴士

把豆腐煮一下就可去除多余水分，还可以杀菌。把盐薄薄地涂在两面，可以令口味更浓郁。事先将豆腐揉碎，然后饰于顶部，华丽的前菜就做好了。还可以将豆腐捏碎后做成凉拌菜和沙拉。

海鲜橙醋冻沙拉

将多汁的醋拌凉菜的调味料用琼脂做成果
冻，不仅使外观更美观，也使食材更入味。
将煮好的配菜与果冻分别进行冷却，吃的时
候再拿出来拌。

材料（约可做6人份）

虾（小）·················	8 条
虾夷盘扇贝（用于生食的）······	5 个
章鱼（用于生食的，切成圆粒的）	
·················	8 块
秋葵·················	8 根
盐、酒·················	各少许
橙醋·················	3 大勺
水·················	150mL
琼脂粉·················	½ 小勺（1g）

制作步骤

1 在锅里加入水和琼脂粉后混合搅拌，煮至沸腾溶化，
关火加入橙醋，装入食物密闭容器中。待温度稍微下
降后放入冰箱里冷却凝固。

2 在加入盐和酒的热水中加入虾夷盘扇贝、章鱼煮，然
后用冰水冷却，去掉水分，切成方便食用的大小。将
秋葵去蒂煮熟后冷却，横着切成几段。

3 用叉子将步骤1的材料搅碎，拌入步骤2的材料，然
后盛到塑料杯等容器中。

温馨
小贴士

用水将琼脂粉煮溶化，加入橙醋可以保持其香气。也可以把琼脂放入海带高汤
中煮溶化，用酱油、盐、白砂糖、柑橘果汁等根据个人喜好调味。也推荐使用
香芹、番茄、黄瓜、裙带菜等。

多彩土豆沙拉

将深受欢迎的土豆沙拉装点成的多彩土豆沙拉非常适合于聚会。底座的土豆配上星形的胡萝卜和西蓝花就成了迷你尺寸的圣诞树。

材料（约可做6个）

土豆··························	1 个（120g）
蛋黄酱························	2 小勺
盐····························	少许
胡萝卜························	¼ 根左右
玉米粒························	2 大勺
烤火腿片·····················	1 片
西蓝花（小棵）···············	4 个
咸饼干·······················	6 片

制作步骤

1 将切薄的土豆煮熟，去除水汽后趁热压碎，然后加盐混合搅拌。

2 将胡萝卜切成薄的圆环状，煮熟后用小型的星形切模切分（可以将切掉的多余部分加入土豆）。西蓝花也先煮熟，然后将穗尖切成1cm左右的小块。

3 往步骤1的材料中加入蛋黄酱，将其6等分，并将形状调整成圆锥形，放到咸饼干上。将步骤2的西蓝花有间隔地摆在上面制作底基，并在其间加入玉米粒、火腿和胡萝卜。

温馨小贴士 也可以不把食材放到咸饼干上，而是直接放到小盘和纸杯蛋糕的杯托中。还可以将整理成圆形的土豆沙拉加上眼睛和耳朵，制作成动物的脸。

蔬菜肉汤冻

在肉汤里加入肉汤冻和多彩的蔬菜，混合搅拌成兼具汤和甜点的清爽前菜。用漂亮的杯子盛装更加惹人爱。

材料（可做8~10人份）

明胶粉·················· 1小勺（2.5g）
水······························ 2大勺
肉汤·························· 200mL
盐······························ ¼小勺
黄瓜、红洋葱·················· 各30g
彩椒（红、黄）·············· 各15g

温馨
小贴士

将肉汤冻搅碎后再装盘。因为放置一段时间后肉汤冻会变成液体，因此请尽量在快要吃时再往玻璃杯里盛。还可以加入火腿和蟹肉等，在玻璃杯中加入肉汤冻和配菜混合，然后冷却凝固即可。

制作步骤

1 将明胶粉加入水中，混合搅拌后浸泡5分钟。

2 往热水中加入清汤调味料和盐混合搅拌，加入步骤1的明胶搅拌至熔化。然后装入食物密闭容器中，待温度稍下降后放到冰箱冷却。

3 将蔬菜切成粗末后冷冻起来。

4 在步骤2的材料中加入步骤3的材料与肉汤混合，然后盛入小的塑料杯中。

提升派对气氛的 美味小吃拼盘

在盘子上放上切成容易食用大小的天然奶酪，再配上咸饼干、坚果、干果等做成奶酪拼盘。
这道菜不仅容易制作，而且非常适合用作红酒的下酒菜。

奶酪的基础知识

奶酪不仅历史悠久，并且种类繁多，我们可以享受不同奶酪带来的不同风味。如果把不同的奶酪放到一起也是一道菜，一道甜点。

半硬奶酪

高德奶酪等没有怪味的奶酪都比较容易食用。日本加工奶酪的原料多半是这种类型的。

硬奶酪

如帕尔马奶酪等盐分和风味较为浓郁的奶酪。

新鲜奶酪

包括马苏里拉奶酪等还不熟的奶酪。

羊奶奶酪

用羊奶代替牛奶做出的奶酪，由于它的味道比较特殊，所以有的人喜欢，有的人不会吃。

软质半熟奶酪

例如布里奶酪（如图左）

靠霉菌的力量成熟的奶酪，拥有软糯柔和的口感。比如布里奶酪和卡芒贝尔软干酪。

蓝奶酪

例如戈根索拉奶酪（如图中间）

这是一种使青霉繁殖至奶酪内部后使奶酪成熟的类型，因此盐分较强，风味和气味都很浓郁，并且有辣辣的刺激感，非常适合与水果和蜂蜜搭配食用。

洗浸奶酪

例如鲁库隆奶酪（roucoulons，如图右）

用盐水和酒洗奶酪的表面后使其变熟的奶酪，具有独特的香味和浓郁的风味。鲁库隆与用白霉催熟的卡芒贝尔软干酪相近，口味柔和，较容易接受。

组合待客菜单的方法

让我们更加轻松地享受家庭聚会，然后根据来的客人和主题思考待客的菜单。

> [关键词] 人：喜欢喝酒的客人、长者、儿童
> 主题：日本料理、西餐、生日派对、圣诞大餐、庆祝
> 时间：午餐、下午茶、晚餐等

前菜

主菜

主食

甜点

菜单和步骤安排的诀窍

餐桌摆放

定好菜单，在桌子上准备餐具、刀叉、酒杯等。如果有条件，可以再装饰上桌布、地席、花朵、绿色植物，然后将饮品预先冷藏。

前菜

预先准备好的小吃、沙拉、汤等。从这些开始进行宴会，用一些外观美观、有盐味或酸味的食物来增进食欲，以进一步享受后面的菜肴。

主菜

肉类、鱼类等，将它们准备成可以热乎乎得端上桌的菜肴，可以将炖菜和烤箱烤菜等放到一起。

主食

寿司、三明治等，准备好米饭和配菜，配合食用的时间把菜做好，并且用保鲜膜包好，以避免干燥。如果还有其他菜，使用简单的配菜即可。

甜点

饼干、果冻、烤点心等，使用季节性的水果华丽地完成，做出孩子喜欢的果冻、饼干以及面向大人的巧克力等。也可以把甜点的底基预先准备好，然后让大家一起动手装点，一起开心。当然，别忘了茶和咖啡。

TITLE：［フィンガーフード～小さなスイーツと彩りピンチョス～］
BY：［中村　美穂］

本书由日本株式会社日东书院本社授权北京书中缘图书有限公司出品并由红星电子音像出版社在中国范围内独家出版本书中文简体字版本。

图书在版编目（CIP）数据

零食的做法：甜点和多彩小食/（日）中村美穂著；
王靖宇译. -- 南昌：红星电子音像出版社，2016.11
　　ISBN 978-7-83010-149-7

　　Ⅰ.①零… Ⅱ.①中… ②王… Ⅲ.①甜食—制作
Ⅳ.① TS972.134

中国版本图书馆 CIP 数据核字 (2016) 第 271608 号

责任编辑：黄成波
美术编辑：杨　蕾

零食的做法：甜点和多彩小食
（日）中村美穂　著　　　王靖宇　译

策划制作：北京书锦缘咨询有限公司（www.booklink.com.cn）
总策划：陈庆
策划：李伟
设计制作：柯秀翠

出版　　江西教育出版社
发行　　红星电子音像出版社
地址　　南昌市红谷滩新区红角洲岭口路129号
　　　　邮编：330038　电话：0791-86365613　86365618
印刷　　江西新华印刷集团有限公司
经销　　各地新华书店
开本　　185mm×260mm　1/16
字数　　80千字
印张　　6
版次　　2017年6月第1版　2017年6月第1次印刷
书号　　ISBN 978-7-83010-149-7
定价　　46.00元

赣版权登字 14-2016-0435